KB182748

Cocktail

칵테일 수업

THE COMPLETE COCKTAIL MANUAL

맛과 색채, 분위기를 사로잡는 홈텐딩의 모든 것

Cocktail

칵테일 수업

루 부스타만테 지음 | 이보미 옮김

니들북

일러두기

- 독자의 편의를 위해 레시피에서 밀리리터(mℓ)와 온스(oz)를 병기했습니다.
  1oz는 30mℓ를 기준으로 하되, 2oz부터는 더 근삿값인 29.57mℓ를 적용해 반올림해서 표기했습니다.
- 레시피 재료에 얼음은 따로 표기하지 않았습니다.
- 레시피에 나오는 1컵은 약 250mℓ입니다.

CONTENTS

PART 3

성공적인 칵테일파티 준비

보드카

미국바텐더협회

THE USBG

미국바텐더협회(The United States Bartenders' Guild, USBG)는 미국 전역에 있는 바텐더의 전문성을 지원하고 강화하는 목적을 지닌 기관이다. 현재 70여 개 도시의 지부에 6,000명 이상의 회원을 보유하고 있으며, 바텐더가 혁신적인 기회를 바탕으로 성공적인 경력을 쌓도록 지원한다.

바텐더의 기술과 전문성에 대한 관심이 높아지는 가운데 USBG는 전문 바텐더, 세미나, 지역서비스 프로젝트를 연계한 네트워크를 통해 음료 및 서비스 산업의 미래를 구축하는 중대한 역할을 한다. 다시 말해 손님이 바에서 더 맛있는 음료를 마시고, 더 즐거운 시간을 보내도록 힘쓰고 있다.

또한 USBG는 국제바텐더협회(IBA)에서 미국을 대표하는 유일한 기관이다. 글로벌 파트너십을 기반으로 미국 음료업계와 세계 각지 관계자를 이어주는 가교 역할을 하며, USBG 회원에게 국내외 주요 인맥을 형성할 기회를 제공한다.

USBG는 경험이 부족한 회원의 성장을 돕고 경험이 많은 회원을 멘토로 지정해서, 칵테일의 품질은 물론 바텐더라는 직업 자체를 향상하는 데 기여한다. 이런 통찰력과 열정을 기반으로 여러분이 더 나은 바텐더가 되길 기원한다.

칵테일은 변했다

최근 십여 년간 칵테일산업은 큰 변화를 목도했다. 칵테일 기술에 대한 관심이 높아지고, 칵테일 재료에 대한 기준도 엄격해졌다. 현지화, 수제, 고유성 등의 키워드는 이제 음식에만 국한되지 않는다.

셰프가 식재료를 신중하게 선별하듯, 칵테일에 사용하는 주류 브랜드도 신경 써서 고르는 바텐더가 늘고 있다. 마케팅 중심의 브랜드와 고객이 선호하는 제품을 선택하는 것이 오랜 관례였다면, 현재는 저가의 대량생산 제품을 멀리하고 전문성과 책임감을 지닌 제품을 선호하는 추세다.

그렇다고 모든 대형 브랜드가 품질이 낮다는 뜻은 아니며, 반대로 소규모 브랜드가 무조건 고품질이라는 뜻도 아니다. 사실 최상급 주류 중 다수가 대기업 상품이다. 그러나 흥미로운 주류를 골고루 갖춰 유니크한 브랜드를 고객에게 소개한다면 바텐더만의 고유한 개성을 구축하고 색다른 경험을 쌓을 수 있다.

한편, 단순함을 추구하는 움직임도 보인다. 최고의 바텐더는 과도한 혁신을 꾀하는 대신, 일반적인 재료와 홈메이드 아이템을 결합해 자신만의 칵테일을 만든다.

그러나 가장 놀라운 변화는 바에서의 경험을 종합적으로 바라보는 시각이다. 조명, 가구, 인테리어 등 바의 분위기도 중요하지만, 무엇보다 가장 중점을 둘 부분은 서비스다. 칵테일의 맛은 기본이고, 바에서 즐거운 시간을 보내는 게 관건이다. 과거에는 바텐더가 슬리브 가터를 차려입고 고고하게 점잔을 떨었지만, 현재는 손님이 원하는 것을 신속하게 제공해서 편안하고 즐겁게 만들려는 열정적인 분위기로 바뀌었다. 서비스 중심 시대가 돌아온 것이다.

USBG는 여러분을 현대 바텐딩의 세계로 안내하고, 칵테일을 섞고 제공하는 예술의 세계로 초대한다. 바를 셋업하는 방법부터 메뉴를 선정하고 최고의 칵테일파티를 여는 방법까지, 여러분에게 필요한 모든 정보를 이 한 권의 책에 담아냈다. 지금부터 칵테일의 세계에 흠뻑 빠져보자.

건배!

USBG 샌프란시스코 지부
루 부스타만테

PART 1

칵테일의 기초

조급한 마음이 드는가? 빨리 다음 장으로 넘어가서 당장 칵테일을 만들어보고 싶은가? 그 마음, 충분히 이해한다. 재료나 장비, 주류 제조 과정은 읽고 싶지 않겠지만, 홈 바를 제대로 준비하는 데 필요한 과정임은 틀림없다. 그래도 건너뛰고 싶다면 말리진 않겠다. 주류 컬렉션은 점점 늘어나는데 관리법은 모르겠고, 어떤 제품에 돈을 써야 할지 궁금해지는 순간이 머지않아 찾아올 테니 말이다. 우리는 항상 같은 자리에서 여러분이 돌아오길 기다릴 것이다.

오, 벌써 돌아왔는가? 잘 왔다. 배워야 할 게 산더미다. 그래도 걱정 붙들어 매시라. 바텐딩 기술 중에 지루한 구석은 전혀 없으니. 자, 이제 동네 바에 가서 좋아하는 칵테일을 편하게 즐겨보자(뒷부분을 먼저 읽고 왔다면, 2장에서 배운 칵테일 중 하나를 골라보자). 몇 가지 기초를 가르쳐주겠다.

기본기를 배우는 건 완벽하게 제조된 맨해튼을 마시는 것처럼 흥미진진하진 않다. 그러나 매 순간 완벽한 맨해튼을 만나는 시작점이 되리라 장담한다.

MOONSHIN
LEBLON
Rhum J.M
LA FAVORITE
Cœur Canne
APPLETON ESTATE
Rhum Barbancourt
Aniversario
REYKA
BELVEDERE
Ketel One
AVERELL
Tanqueray
MALACCA GIN
HAYMAN'S OLD TOM GIN
HENDRICK'S
PLYMOUTH GIN
BEEFEATER
AVIATION

001 어떤 칵테일을 만들지 선택하라

어디서부터 시작할지 모르겠다면 먼저 분위기를 파악하고, 그에 맞는 칵테일을 골라보자!

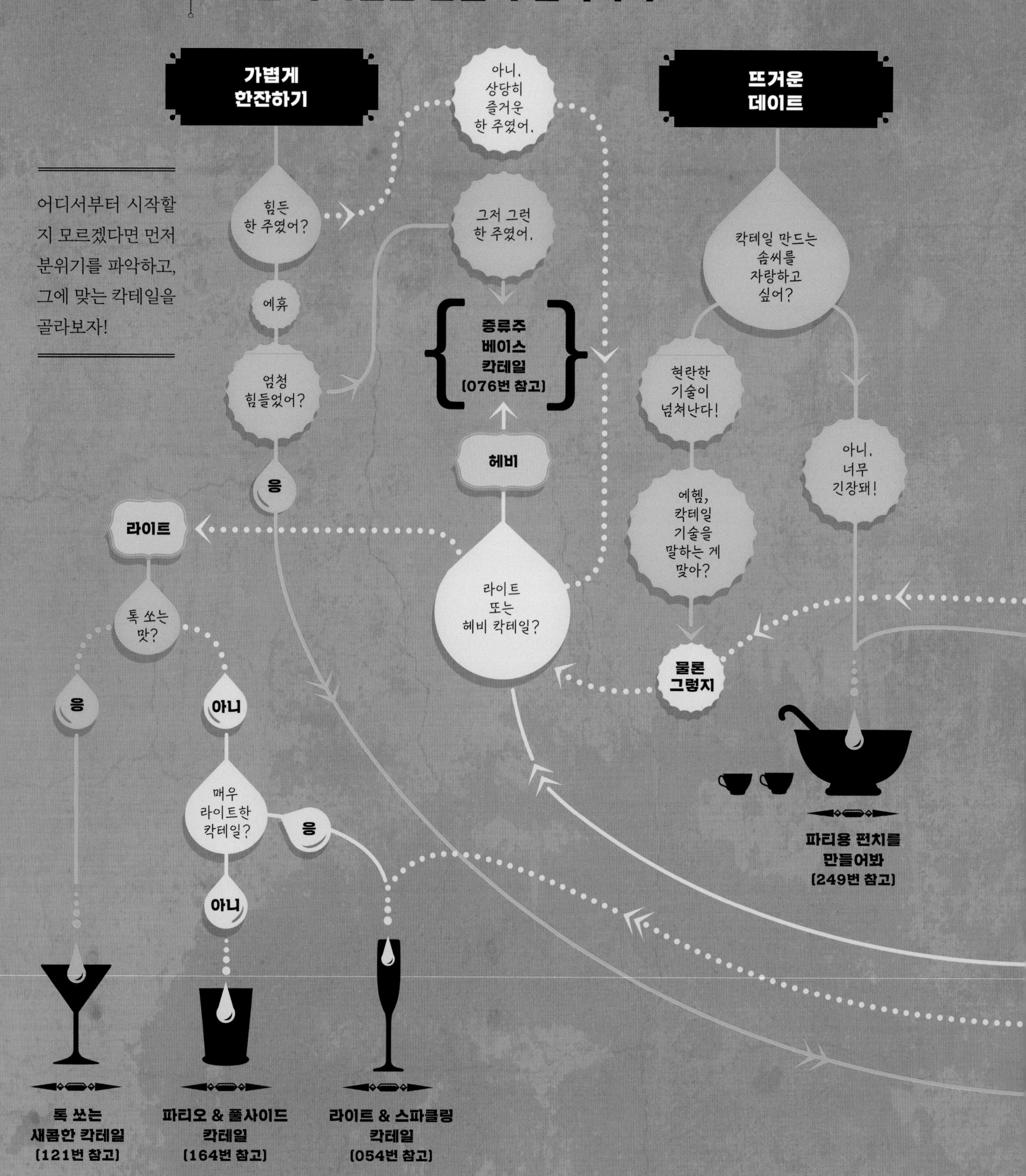

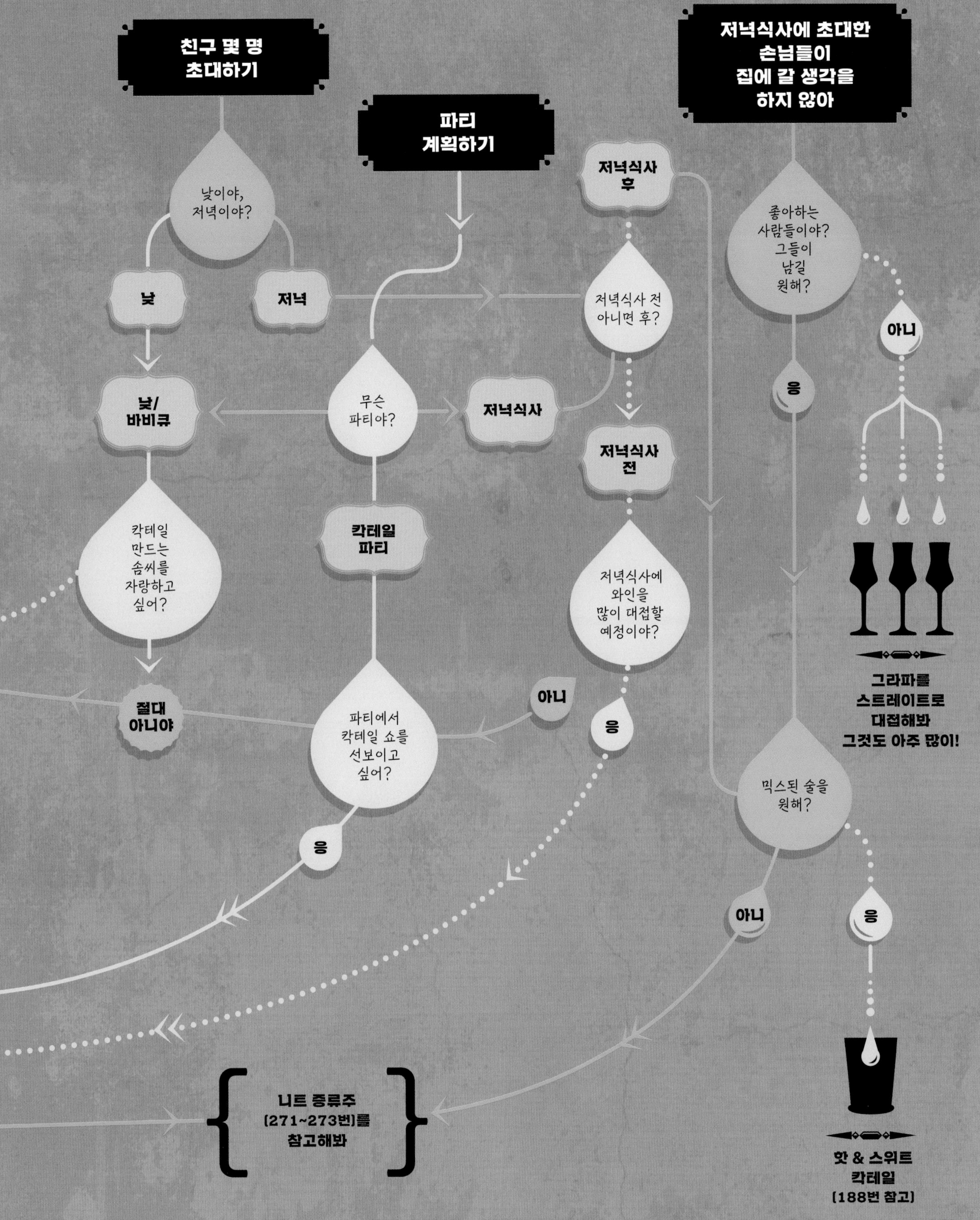

친구 몇 명 초대하기
낮이야, 저녁이야?
낮
저녁
낮/바비큐
칵테일 만드는 솜씨를 자랑하고 싶어?
절대 아니야
파티 계획하기
무슨 파티야?
저녁식사
칵테일 파티
파티에서 칵테일 쇼를 선보이고 싶어?
아니
응
저녁식사 후
저녁식사 전 아니면 후?
저녁식사 전
저녁식사에 와인을 많이 대접할 예정이야?
응
니트 증류주 (271~273번)를 참고해봐
저녁식사에 초대한 손님들이 집에 갈 생각을 하지 않아
좋아하는 사람들이야? 그들이 남길 원해?
아니
응
그라파를 스트레이트로 대접해봐 그것도 아주 많이!
믹스된 술을 원해?
아니
응
핫 & 스위트 칵테일 (188번 참고)

002 신나게 흔들어라

집에서 칵테일을 만드는 일은 생각보다 간단하다. 몇 가지 도구와 장비만 갖춰도 노력한 보람이 느껴진다. 갑자기 날이 더워지거나 힘든 하루를 보낸 날, 집에서 만든 칵테일 한잔은 굉장한 만족감을 안겨준다. 그럼 어디서부터 시작해야 하는지 알아보자.

동네 바를 찾아가라

자신이 어떤 칵테일을 좋아하는지 감조차 잡기 힘들다면, 손님이 적은 날 동네 바에 가서 바텐더에게 물어보자. 바텐더에게 자신이 선호하는 향을 알려주면, 어떤 칵테일이 맞는지 소개해줄 것이다. 아니면 001에서 소개한 순서도를 보고 자신에게 맞는 음료를 찾아보자.

선호하는 맛이 생길 때까지 꾸준히 마셔보라

사람마다 단맛, 신맛, 톡 쏘는 맛 등 선호하는 맛과 강도가 다르다. 자신의 입맛을 찾을 때까지 강도를 이리저리 조절해보자. 무엇보다 새로운 맛에 도전하길 망설이지 말자. 당신의 미각이 어느 수준까지 개발될 수 있는지 알면 놀라움을 금치 못할 것이다.

003 연습하고, 또 연습하라

칵테일 제조법을 배우는 것은 여느 기술과 마찬가지로 수많은 연습과 노력이 필요하다. 칵테일을 만들 때 주의할 사항을 살펴보자.

연습 공간을 마련하라 홈 바를 만들거나 비싼 술을 사기 전에 먼저 조리대에 연습할 공간을 확보한다. 여기에 술이나 장비를 놓아두면, 바로바로 사용하기 편리하다. 조리대는 일어선 상태에서 편하게 작업할 수 있는 높이여야 한다.

처음부터 다시 시작하라 칵테일을 만들다가 실수할 때도 당연히 있다. 재료를 실수로 과다하게 붓거나 뭔가를 빼먹을 수도 있다. 이유가 뭐가 됐든, 중간에 틀리면 미련 없이 버리고 다시 시작하라. 그럴 만한 가치가 있다.

맛을 조절하라 증류주는 동일한 카테고리 안에서도 얼마든지 풍미가 달라질 수 있으며, 칵테일의 균형에 영향을 미치기도 한다. 레시피가 아무리 간단해도 리큐어의 당도, 숙성된 증류주의 오크 풍미, 진의 식물 풍미 정도에 따라 칵테일의 조화가 무너질 수 있다. 이런 경우, 칵테일을 셰이커나 믹싱글라스에 도로 부어서 단맛이나 신맛을 첨가한다.

기본에서 시작하라 아무 재료나 막 섞는다고 창의적인 칵테일이 탄생하진 않는다. 가장 쉬운 방법은 평소에 좋아하던 레시피를 조금씩 변형해가는 것이다. 먼저, 좋아하는 칵테일을 만드는 법부터 확실히 배운다. 그런 다음 재료를 한두 가지 바꿔본다. 조금만 변형해도 맛이 놀라울 정도로 달라진다.

004 칵테일 용어를 익혀라

칵테일 용어에 정통한 사람도 있을 것이다. 그러나 바에 앉아 있다 보면 잘못된 용어가 심심치 않게 들려온다. 칵테일 용어를 공부하려는 사람이라면 다음을 참고하자.

백BACK 탄산수, 맥주, 피클 주스 등 체이서를 소량 마시거나 스낵을 간단하게 먹는 것. 백은 다음에 마실 술의 맛을 보완하기도 하지만, 이 때문에 미각이 둔해지기도 한다(좋은 징조는 아니다).

콜CALL 음료를 주문하거나 특정 증류주를 부탁할 때, '콜' 한다고 표현한다.

드라이DRY 당도가 낮다는 뜻. 보통 베르무트가 아주 소량만 들어간 마티니를 주문할 때 사용하는 표현이다.

롱LONG 길쭉한 유리잔에 따라 마시는 음료. 칵테일에 탄산수 믹서가 들어가는 경우, 믹서의 양을 추가해서 롱 드링크 버전으로 요청할 수 있다.

니트NEAT 얼음 없이 실온으로 마시는 것. 일반적으로 고품질의 값비싼 증류주를 니트로 마신다. 올드 패션드처럼 작은 잔에 따라서 조금씩 홀짝이는 온더록스와는 다르다.

온더록스ON THE ROCKS 작은 잔에 얼음을 넣어 마시는 것. 여기서 록스는 얼음을 가리킨다.

트위스트TWIST 시트러스 껍질을 가리킨다. 시트러스를 칵테일에 대고 비틀어 짜서 방향유를 추출한 뒤, 칵테일에 넣는다.

업UP 쿠프 잔이나 칵테일 잔에 얼음 없이 시원하게 마시는 것.

웰 리커WELL LIQUOR 일반적인 칵테일을 만드는 데 흔히 사용하는 주류이며, 보통 바텐더의 손이 쉽게 닿는 위치에 놓는다. 반면 카운터 뒤편의 선반에 진열된 고급 주류를 주문하는 경우(프리미엄 콜), 가격이 더 높아진다.

005 도구를 구비하라

코르크스크루와 오프너 지렛대와 오프너가 달린 웨이터스 코르크스크루만 있으면 온갖 종류의 병을 개봉할 수 있다.

머들러와 핸드주서 양질의 머들러는 생허브나 생과일의 선명한 풍미를 칵테일에 첨가하기 위해 꼭 필요하다. 좋은 칵테일에는 신선한 과즙이 중요한데, 칵테일을 소량씩 만들 때 가장 유용한 착즙기는 바로 시트러스 프레스다. 시트러스의 과즙과 껍질의 방향유를 빠르게 추출할 수 있고, 세척하기도 쉽다.

스트레이너 호손과 줄렙 두 가지 기본 타입이 있다. 호손은 테두리에 느슨한 스프링이 반원 형태로 둘러싼 것이고, 줄렙은 구멍 난 스푼처럼 생겼다. 줄렙은 주로 휘젓는 칵테일용이며, 보통은 호손만 있으면 된다. 호손이 두루두루 사용되며 훨씬 효율적이다.

얼음 집게 스테인리스스틸 집게는 낮은 온도를 유지하며 얼음을 집을 때 꼭 필요하다. 가니시를 집을 때도 유용하다.

칵테일 셰이커 주류와 얼음 다음으로 칵테일을 만들 때 가장 필수적인 도구다. 셰이커 종류는 셀 수 없이 많지만, 프렌치 또는 보스턴 스타일의 2단 셰이커를 추천한다. 3단 셰이커는 내부 상단에 거름망이 장착돼 있는데, 엉겨 붙은 얼음 때문에 거름망이 막힐 위험이 있다(116번 참고).

지거 프리푸어링(계량도구 없이 믹싱하는 것)은 터득하는 데 시간이 걸리는 기술이다. 그때까지는 제발 계량도구를 사용하자. 단 몇 방울로도 훌륭한 칵테일이 끔찍하게 변할 수 있다. 더블사이드 지거는 속도를 높이는 데 유리하지만, 활용도가 떨어진다. 예를 들어 7.4mℓ(¼oz)가 필요한 경우, 눈대중으로 재야 한다. 따라서 초보자에게는 작은 계량컵 스타일의 지거가 가장 적합하다.

바 스푼 칵테일을 휘저을 때나 유리병에서 체리를 꺼낼 때 사용한다. 아이스티용 긴 스푼을 대신 사용해도 좋다. 바 스푼이 없는 경우, 저렴하면서도 품질이 괜찮은 제품을 시중에서 쉽게 구매할 수 있다.

006

곡물, 채소, 과일을 증류하라

와인, 맥주 등 모든 증류주를 만드는 첫 단계는 발효액부터 시작한다. 초기 단계부터 우리가 잔에 따라 마시는 술의 형태는 아닌 것이다. 발효액은 신 것도 있고 묽거나 밋밋한 것도 있다. 발효는 알코올 성분을 생성할 뿐 아니라 기본적인 풍미를 형성해 증류주의 정체성을 결정짓는 역할도 한다.

곡물 옥수수, 밀, 호밀, 쌀, 보리 등의 곡물을 매시mash나 맥주로 발효하면, 위스키(배럴 숙성 필요), 보드카, 진 등의 근간이 된다. 여러 곡물을 배합한 매시 빌mash bill에는 맥아가 반드시 들어가야 한다. 그래야 곡물이 발아해서 아밀레이스 등의 효소를 생성하고, 녹말을 당으로 변환한다. 아니면 효소를 직접 첨가하는 방법도 있다. 갓 발효된 액체는 맥아향이 강한 비여과 맥주처럼 보이지만, 홉이 없기 때문에 묽고 맹맹한 맛이 난다.

채소와 미네랄 사실 '미네랄'이란 표현은 과장일 수 있겠지만(돌을 발효할 순 없으니까), 효모의 먹이인 당분을 함유한 모든 재료는 증류주의 베이스가 될 수 있다. 특히 사탕무, 감자 같은 채소는 보드카를 만드는 데 흔히 사용되며, 다른 증류주의 베이스가 되기도 한다. 아가베 같은 식물은 테킬라와 메즈칼을 만드는 핵심 재료다. 사탕수수와 당밀은 모든 럼 종류의 베이스이며, 수수는 중국 백주를 만드는 데 사용된다. 심지어 우유, 고구마, 당근, 메이플시럽으로 만든 증류주도 있는데, 꽤 괜찮다.

과일 과일을 발효하면 와인이 되고, 증류하면 브랜디가 된다. 과일로 만든 대표적 증류주로는 코냑(포도), 아르마냐크(포도), 칼바도스(사과), 그라파/마크(와인을 만들고 남은 찌꺼기), 피스코(포도), 슬리보비츠(자두), 키르슈(체리), 푸아르윌리엄스(배), 오드비(살구, 라즈베리, 복숭아 등 한 가지 과일이 특징적으로 두드러지는 매우 향기로운 브랜디) 등이 있다. 이런 브랜디는 과일 향을 첨가한 것이 아니라, 실제 과일로 만든다.

007 증류기의 종류를 알아보자

정교한 계기 장치가 달린 번뜩이는 구리나 스테인리스스틸 기계를 보고 있노라면, 증류는 너무나도 복잡한 과정처럼 느껴진다. 그러나 핵심은 액체를 끓이는 것일 뿐, 그 이상 그 이하도 아니다. 발효액을 서서히 가열하면, 상대적으로 가벼운 알코올과 여기에 붙어 있는 방향족화합물(끓는점 172˚F/78˚C)이 물(끓는점 212˚F/100˚C)보다 먼저 증류기 위쪽으로 증발해서 응축기에 수집된다. 증류기의 몇 가지 기본 형태를 살펴보자.

알렘빅ALEMBIC 증류기 중 가장 오래된 종류다. 9세기에 발명됐으며, 코냑과 기타 브랜디를 생산하는 주요 증류기로 발전했다. 둥근 머리와 백조목 부분에서 응결이 발생하고, 물과 불순물은 아래쪽에 남는다.

단식POT 엄밀히 따지자면 알렘빅은 단식 증류기지만, 모든 단식 증류기가 알렘빅인 것은 아니다. 가장 단순한 형태는 둥근 머리와 증류액을 추출하는 관이 달린 통 아래에 가열기를 설치한 것이다. 단식 증류기는 효율성이 떨어지지만, 최종 결과물에 더 많은 풍미와 특징을 부여한다.

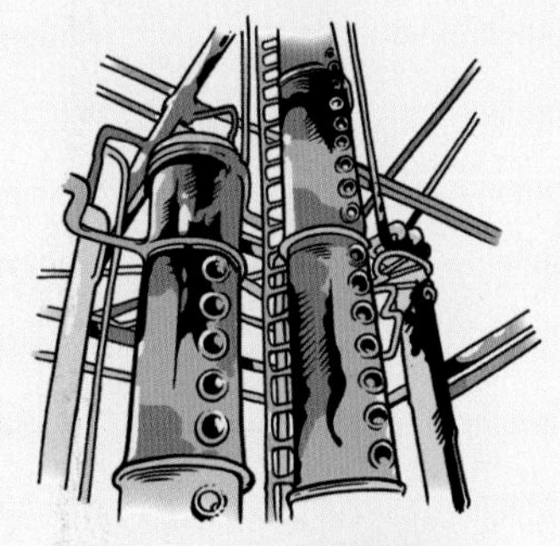

칼럼COLUMN 거대한 금속관 내부에 알코올과 수증기의 응축을 막는 단과 밸브가 여러 층으로 설치돼 있다. 보드카처럼 불순물이 적고 프루프(증류주의 알코올 농도를 나타내는 단위—편집자)가 높은 증류주를 제조할 때 주로 사용한다. 단식 증류기에 칼럼 한 대 또는 여러 대를 부착하기도 한다.

연속식CONTINUOUS 칼럼 여러 대를 연속으로 이은 것이다. 다층적 구성을 이루고 있으며, 프루프가 높은 알코올과 기본 등급의 증류주를 만드는 데 효율성이 매우 뛰어나다. 단식 증류기는 한번 증류할 때마다 발효액을 채우고, 증류하고, 비우는 과정을 매번 반복해야 한다. 그러나 연속식 증류기는 이름에서 알 수 있듯 발효액이 연속적으로 흐르면서 칼럼을 따라 응축하고 증발하며, 정확한 프루프에 맞춰서 수집된다.

008 { 배럴 숙성의 기본을 살펴보자 }

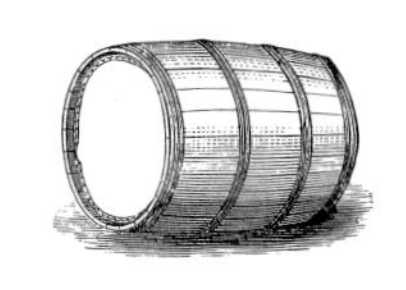

배럴 숙성과 오크통에 대한 선호도는 로마제국 시대부터 시작됐다. 숙성은 비록 느리게 진행되지만, 거칠고 다루기 힘든 알코올음료를 완전히 뒤바꿔놓는다. 그렇다면 좋은 배럴을 만들기 위한 조건은 무엇일까.

배럴의 종류 일반적으로 오크나무는 프랑스산, 미국산 두 종류가 있다. 미국산 오크는 락톤(코코넛과 복숭아 향)과 리그닌(바닐라 향) 함량이 높고, 열기건조 과정을 거쳐 풍미를 강화한다. 한편 프랑스산 오크는 미국산보다 타닌 함량이 적은데, 프랑스 관습상 야외에서 수년간 시즈닝한 나무로 배럴을 만들기 때문이다. 타닌은 쓴맛과 함께 풍미를 풍성하게 만든다. 토스트 향을 발산하는 헤미셀룰로오스는 두 종류에 모두 들어 있다. 헤미셀룰로오스와 리그닌은 시간이 지날수록 당분으로 분해돼, 독한 알코올을 누그러뜨린다.

토스팅 배럴을 불에 토스팅하면, 술의 풍미가 극적으로 바뀐다. 이는 목당(나무의 당분)의 캐러멜화, 바닐린의 응축, 로스팅 풍미(퓨란 알데하이드), 스모키한 향신료 풍미(유제놀) 등 때문이다. 배럴을 강렬한 숯불에 토스팅하기도 하는데, 이 경우 배럴 내부에 숯이 형성돼 불쾌한 냄새를 풍기는 황화합물을 흡수하는 장점이 있다.

프루프 배럴에서 숙성되는 술의 알코올 도수ABV는 숙성 과정에서 중요한 역할을 한다. 오크화합물은 물보다 알코올에서 더 쉽게 용해된다. 위스키가 와인보다 나무 풍미가 강한 이유도 이 때문이다. 이보다 더 중요한 점은 배럴 숙성 기간에 따라 알코올 도수도 변한다는 것이다. 이는 나무의 반다공성 때문에 물과 알코올이 증발하기 때문이다.

산화 나무 특성상 밀폐성과 통기성으로 인해 내부의 액체가 증발하기도 하지만, 외부에서 산소가 유입되기도 한다. 와인의 경우, 산소에 노출되는 것이 색을 유지하는 데 도움이 된다. 또한 산소가 알코올이나 오크 오일과 반응해서, 와인과 증류주의 아로마를 끌어올린다.

배럴의 재사용 새 배럴을 사용하지 않고 기존 배럴을 재사용하는 데는 여러 이유가 있다. 그중 하나가 오크 풍미를 누그러뜨리는 것이다. 테킬라, 스카치, 기타 브랜디처럼 증류주의 고유한 풍미를 살려야 하는 경우, 오크 풍미를 은은하게 입히면서 산화시키는 장점을 온전히 누리기 위해 배럴을 재사용한다.

009

배럴에 집착하지 마라

배럴 숙성이 풍미를
향상하기는 하지만,
그렇다고 만능 해결사는 아니다.
자칫하면 술에 문제가
생길 수도 있다.
만약 20년 이상 숙성된
고가의 술을 구매할 계획이라면,
바에서 먼저 마셔보자.
그리고 주변에서 하는 말도
곧이곧대로 믿지 말자.

오래 숙성됐다고 무조건 좋은 건 아니다

흔히 숙성 기간이 길수록 (그리고 비쌀수록) 좋은 술이라고 생각한다. 사실일 때도 있지만, 항상 그런 건 아니다. 술을 너무 오래 숙성하면 나무에서 타닌 등의 화합물이 과도하게 추출돼, 쓴맛과 가구용 목재 같은 맛 그리고 아로마가 강해진다.

숙성됐다고 풍미가 무조건 좋은 건 아니다

배럴에 너무 오래 숙성하면, 신선하고 생생한 아로마와 풍미가 사라질 수 있다. 브랜디, 테킬라 그리고 와인마저도 오크 배럴 안에 너무 오래 머무르면, 과일 풍미가 나무 풍미에 묻힐 수 있다.

배럴 숙성력은 기후의 영향을 받는다

오크의 추출물이 최종 결과물에 미치는 영향은 기후에 따라 달라질 수 있다. 추운 지역은 열대지방보다 배럴 숙성이 느리게 진행된다. 숙성 과정은 더우면 빨라지고 추우면 느려지기 때문이다. 예를 들어, 스코틀랜드 위스키는 자메이카 럼보다 오래 숙성해야 한다.

증류주는 병 속에서 숙성되지 않는다

안타깝지만 20년산 스카치를 집에 5년간 놓아둔다고 25년산 스카치가 되진 않는다. 숙성은 오직 배럴 안에서만 진행된다. 게다가 술을 제대로 보관하지 않으면 변질될 수도 있다(010번 참고).

010

주류를 제대로 보관하라

고이 모셔둔 값비싼 증류주는 제대로 보관해야 훌륭한 맛을 보존할 수 있다. 아니면 아까운 술을 싱크대에 흘려보내는 불상사가 발생할지도 모른다. 보통 보드카, 테킬라, 메즈칼, 진, 위스키 등의 스탠더드 증류주는 보관 기간이 무한하다. 트리플 섹처럼 시트러스나 허브를 함유한 리큐어도 장기간 보관이 가능하다. 다음에 나오는 몇 가지 손쉬운 규칙을 잘 지켜보자.

병을 똑바로 세워서 보관한다

와인은 비스듬히 눕혀서 보관해도 되지만, 증류주는 알코올 농도가 훨씬 높기 때문에 똑바로 세워둬야 한다. 병마개가 천연 코르크 재질인데 눕혀서 보관한다면, 코르크가 부식돼서 침전물이 생기거나 내용물이 새어나올 위험이 있다.

빛과 열을 멀리한다

햇빛과 열기는 술의 색과 풍미를 변하게 하고 침전물을 만든다. 술에서 악취가 나거나, 본래의 풍미가 완전히 사라지기도 한다. 주류 컬렉션을 자랑하고 싶다면, 창가에는 빈병만 놓도록 하자.

밀봉 상태를 유지한다

병뚜껑이나 마개를 잘 간수한다. 만약 이를 잃어버렸다면, 개봉한 당일에 모두 소진하는 것이 좋다. 증류주를 좋은 상태로 유지하려면, 단단히 밀봉해서 보관해야 한다.

감각을 활용한다

술이 상했는지 잘 모르겠다면, 상태를 자세히 살펴본다. 육안으로 보기에 다소 이상하거나 이상한 냄새가 난다면, 술이 상한 것이다. 그래도 잘 모르겠다면, 맛을 보면 된다. 알코올 도수가 높은 증류주는 생물학적으로 부패하지 않으므로, 조금 맛보는 정도는 그리 해롭지 않다. 불쾌한 맛이 입안에 살짝 남을 뿐이다.

011

적당한 용량을 구매하라

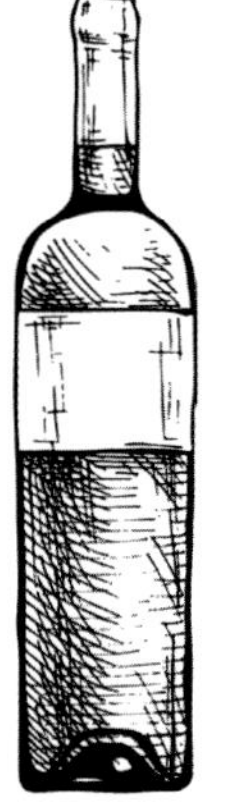

베르무트처럼 칵테일에 사용할 주정강화 와인이 필요할 때는 작은 용량을 구매하자. 작은 용량에 대한 인기가 높아지면서 소매점에서도 쉽게 찾을 수 있다. 보통 375㎖ 용량으로 맨해튼 12잔이나 진 마티니 24잔을 만들 수 있다. 베르무트의 경우, 보관 기간이 두 달에 불과하다. 게다가 모든 와인은 신선할수록 맛이 좋다.

012 홈 바를 정리하라

칵테일을 만든 지 얼마 안 된 초보자라도 집에 술과 재료가 꽤 많이 쌓였을 것이다. 그러나 득보다 실이 많은 재료는 깔끔하게 정리하는 것이 좋다. 언제 개봉했는지 기억나지 않는다면, 과감하게 쓰레기통에 버리자.

제품	냉장 보관	유통기한
크림 리큐어	○	12개월 홈메이드 리큐어는 3개월
과일 리큐어(과일 향 첨가 제품이 아니라 진짜 과일을 넣은 제품)	○	용량과 주스 종류에 따라 다름
베르무트	○	2개월(신선할수록 좋음)
칵테일 시럽	○	2개월
단미 시럽	○	3~4주
그레나딘 시럽	○	3개월
라임 코디얼	×	3개월
칵테일 체리	○	6개월
마티니 올리브	○	12개월
주스(통조림, 생과일)	○	과일과 산화 정도에 따라 다름 / 2~5일
비터스	×	병을 다 비울 때까지

013 백 바를 구축하라

칵테일을 처음 만들 때, 어떤 술을 선택할지 몰라서 당혹스러울 수 있다. 수백 가지 술이 벽면 가득 진열된 주류 판매점에 들어서면 또 어떤가. 마음이 위축돼 그중 하나를 고르는 간단한 일조차 쉽지 않게 느껴진다(초보자만 그런 게 아니다).

가능하다면 할인 판매점은 건너뛰고, 전문적인 직원이 훌륭한 서비스를 제공하는 가게를 찾아가자. 이런 가게의 직원은 최근에 어떤 상품이 입고됐는지 상세히 파악하고 있으며, 가게에서 판매하는 거의 모든 술을 마셔봤을 가능성이 높다. 그래서 당신에게 꼭 필요한 제품을 추천해줄 수 있다.

무턱대고 비싼 제품부터 고르지 말자. 중간 가격대에 품질도 괜찮고, 칵테일에 잘 어울리는 제품을 선택하는 것이 좋다. 보드카나 진 같은 백색 증류주는 20~30달러(2만 5,000~4만 원)에 좋은 품질을 구할 수 있다.

처음부터 서두를 필요 없다. 먼저 좋아하는 칵테일을 하나 선정한 뒤, 일단 거기에 필요한 재료만 구입한다. 그런 다음 다른 레시피를 추가하는 식으로 자연스럽게 홈 바를 키워 나간다. 그러다 보면 내 취향에 꼭 맞는 컬렉션이 갖춰질 것이다.

014 {다용도로 활용 가능한 술을 체크하라}

홈 바를 구성하는 기본 컬렉션에 대한 감을 잡으려면, USBG 샌프란시스코 지부 소속이자 퍼시픽 칵테일 헤븐PCH의 바텐더인 케빈 디드리히Kevin Diedrich가 제안하는 '이상적인 홈 바 리스트(초급자, 중·상급자)'를 참고하자. 이 리스트만 제대로 갖춰도 이 책에 나오는 거의 모든 칵테일을 만들 수 있다.

초급자

- 보드카
- 진
- 럼
- 테킬라
- 버번
- 라이 위스키
- 블렌디드 위스키
- 스위트 베르무트(소용량)
- 드라이 베르무트(소용량)
- 앙고스투라 비터스
- 페이쇼즈 비터스
- 오렌지 비터스
- 트리플 섹
- 마라스키노 리큐어
- 베네딕틴 리큐어

중·상급자

초급자 리스트에 다음을 추가한다.

- 메즈칼
- 그린 샤르트뢰즈
- 릴레 블랑
- 압생트
- 코냑
- 다크 럼
- 라이트 럼
- 캄파리

015 { 셰리와 베르무트를 구비하라 }

셰리와 베르무트는 주정강화 와인이다. 즉, 발효를 멈추려고 증류주를 첨가한 와인이다. 두 와인은 보통 단독으로 마시지만, 마티니나 네그로니처럼 칵테일에 섞기도 한다.

셰리 셰리는 전통적으로 스페인에서 양조된다. 드라이한 피노(만사니야 등)부터 스위트한 크림 셰리(페드로 히메네스 등)까지, 종류도 다양하다. 산소와의 접촉을 막기 위해 각종 효모로 와인을 덮어서 발효한 경우도 있고, 의도적으로 산소와 접촉한 셰리도 있다. 만사니야 파사다, 아몬티야도, 팔로 코르타도, 올로로소 등이 후자에 속한다. 이처럼 의도적으로 산소와 접촉한 셰리는 풍성함과 견과류 풍미를 띤다.

셰리는 주정강화 와인이긴 하지만, 섬세한 셰리일수록 산화에 취약하므로 일반 와인처럼 취급해야 한다. 따라서 개봉 직후 모두 소진하는 것이 좋다. 아몬티야도처럼 의도적으로 산소와 접촉한 셰리는 개봉 후 보관 기관이 상대적으로 더 길지만, 시간이 지나면서 풍미가 변할 수 있다.

베르무트 베르무트라는 이름은 '약쑥'을 뜻하는 독일어 'wermut'에서 유래했다. 약쑥은 베르무트를 만드는 주요 식물이다. 압생트에 들어간 약쑥이 환각작용을 일으킨다는 루머가 있지만, 베르무트를 마시고 '초록 요정'(압생트의 별칭—옮긴이)을 봤다는 사람은 아무도 없다. 그래도 많은 브랜드가 약쑥의 사용을 줄이는 추세이긴 하다.

베르무트는 드라이(프랑스), 화이트(드라이 베르무트의 스위트 버전), 레드 또는 스위트(이탈리아), 로제 등 종류가 다양하다. 그리고 같은 종류 내에서도 양조자에 따라 풍미가 극명하게 다르다. 와인과 마찬가지로 양조자마다 사용하는 식물 레시피가 다르기 때문이다. 그러므로 자신의 취향에 맞는 베르무트를 발견할 때까지 소용량으로 여러 종류를 구매해서 시음해보길 권한다.

016 술 저장고를 골고루 채워라

혹시 저장고에 독주만 있지 않은가? 그렇다면 여기에 와인과 맥주도 추가하자. 와인과 맥주는 상그리아(177번 참고), 미첼라다(182번), 섄디 등에 섞기도 하지만, 그대로 마시는 경우가 많다. 이때 각 이벤트에 맞게 술 종류를 선택하는 것이 중요하다. 예를 들어 스탠딩 파티의 경우, 고급 와인과 깨지기 쉬운 와인 잔은 어울리지 않는다. 이처럼 술을 준비할 때는 가격과 품질의 조화를 고려해야 한다. 또한 음식 준비에도 신중을 기한다. 팁을 주자면, 치즈는 거의 모든 술과 어울린다. 마지막으로 어떤 술을 준비하든 손님이 궁금해할 수 있으니 그 술에 대해 조금이라도 공부해두는 것이 좋다. 저렴한 와인이라도 조금만 고민해서 준비한다면, 인상적인 자리를 완성할 수 있다. 단, 마트용 와인은 예외다. 만약 마트에서 파는 값싼 술을 내놓는다면, '정말 이러기야?'라는 반응만 나올 것이다.

017

리큐어를 활용하라

세상에서 가장 오래된 증류주인 리큐어는 사실 감미료를 넣어 달게 만든 술일 뿐이다. 초기 리큐어는 수도승의 특산물이었다. 수도승들은 약초 강장제를 만들려고 알코올을 활용했고, 여기에 감미료를 넣어서 맛있게 완성했다.

이론적으로 리큐어는 감미료 중량이 최소 2.5%이며, 증류·침출·추출 과정을 거쳐 맛을 낸 음료다. 크렘crème이라는 리큐어 등급은 당도가 최소 25%여야 한다. 유제품이 들어간 건 아니지만 설탕 함유량이 워낙 높아 시럽이나 크림 같은 질감을 갖게 된 데서 유래한 명칭이다.

018 { 당도를 확인하라 }

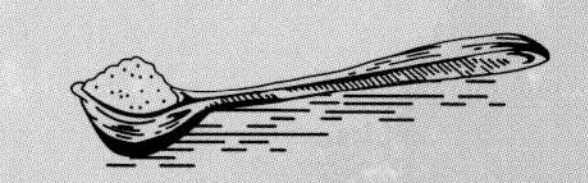

리큐어를 사용할 때는 당도에 주의해야 한다. 리큐어의 당도는 2.5%에서 25%까지 천차만별이지만, 병에 표기돼 있지 않다. 따라서 브랜드를 바꾸거나 새로운 리큐어를 시도할 때 항상 칵테일의 맛을 확인해야 한다. 먼저 칵테일의 양을 절반만 만들어서 테스트해보자. 이때 차가운 음료는 실온에서 덜 달게 느껴진다는 점에 유의한다. 그래서 테스트할 때는 반드시 흔들거나 젓는 과정이 필요하다.

019

나만의 비법 리큐어를 찾아라

리큐어는 선택하기 어려울 정도로 향이 다양하다. 사실 홈 바에는 두어 개만 있어도 충분하지만, 어떤 종류가 있는지 알아두면 도움이 된다.

허브 본래 허브는 약용으로 사용했다. 허브 리큐어는 민트(크렘 드 망트 등), 바질, 세이지 등 단일 풍미부터 샤르트뢰즈(카르투지오 수도회 특산품)처럼 복합적인 향까지 매우 다채롭다.

쓴맛 이런 종류의 리큐어는 아페리티프(식전주)와 디제스티프(식후주)로 마신다. 정원에서 기르는 각종 식물과 향신료 거리에서 파는 모든 재료가 이런 리큐어의 원료가 된다. 쓴맛은 기본적으로 기나피(기나나무 속껍질—옮긴이), 용담뿌리 등 전통 재료로 내지만, 홉이나 고농축 귤피를 첨가하는 경우도 있다.

과일 라즈베리, 살구, 복숭아, 바나나 등 거의 모든 과일을 아우르는 광범위한 카테고리다. 과일 리큐어는 산화에 가장 취약하므로 소량 구매하거나 신선할 때 모두 소진한다.

시트러스 혼합주에 가장 흔히 사용하는 리큐어다. 트리플 섹, 퀴라소 등 시트러스 베이스 리큐어는 주스 자체에서 얻기 힘든 생기를 더한다. 홈 바에 기본적으로 갖춰야 할 리큐어를 하나만 고르라면, 단연 시트러스다.

슬로 진 진 베이스의 슬로 진 리큐어는 새콤한 야생 베리로 풍미를 낸다. 주니퍼(향나무)를 비롯한 식물들과 잘 어울린다.

크림 유제품이 첨가된 크림 리큐어는 음료에 풍미를 더한다. 장기간 냉장 보관이 가능할 정도로 수명이 길고 맛도 훌륭하다.

커피 정신이 확 드는 카페인 효과와 커피 풍미 덕분에 식후에 뜨거운 커피 대신 마시기 좋다.

초콜릿 시중에 판매되는 초콜릿 리큐어는 대부분 크렘 드 카카오지만, 장인이 만든 수제 초콜릿 리큐어가 점점 늘어나는 추세다. 음료에 진한 초콜릿 풍미를 더한다.

향신료 액체 형태의 향신료를 활용하면, 칵테일을 만들 때도 요리사처럼 생각하게 된다. 아마도 생강즙은 집에 다들 있을 테고, 이번에는 사프란, 올스파이스, 아니스에 도전해보는 건 어떨까?

견과류 베이킹과 칵테일에 흔히 사용된다. 특히 아몬드, 헤이즐넛, 호두 향이 가장 인기 있다.

플로럴(꽃) 플로럴 리큐어는 마치 음용 향수 같아서, 칵테일에 너무 많은 양을 첨가하면 비누 맛이 날 수 있다. 변함없는 인기를 구가하는 엘더플라워 외에도 제비꽃, 히비스커스, 양귀비, 장미 등의 플로럴 리큐어가 있다.

020 비터스를 적극적으로 활용하라

역사적으로 기록된 정의에 따르면, 칵테일은 비터스가 들어가는 음료다. 1806년에 발행된 신문 〈더 밸런스 앤드 컬럼비안 리포지터리The Balance, and Columbian Repository〉는 칵테일을 술, 설탕, 물, 비터스를 혼합한 음료라 정의했다. 현대적 정의에는 비터스가 생략됐지만, 비터스는 여전히 수많은 칵테일에 들어가는 중요한 요소다. 식물 추출물로 만든 비터스는 소량만 첨가해도 음료에 극적인 풍미를 더한다. 기본적으로 알아두면 좋은 비터스 종류를 몇 가지 살펴보자.

아로마틱 비터스

전통적인 비터스 중 하나로 맨해튼을 만드는 데 사용한다. 가장 대표적인 브랜드는 1824년에 출시된 앙고스투라다. 큼직한 종이라벨, 노란 뚜껑, 베이킹 향신료 풍미, 용담의 톡 쏘는 쓴맛이 특징이다. 이외에 다른 브랜드도 있으니 색다른 맛에 도전하고 싶다면 주류 전문 소매점을 자세히 살펴보자.

크리올 비터스

빨간 체리색의 크리올 비터스는 아로마틱 비터스와는 대비되는 꽃 향을 띤다. 역사적 브랜드로 뉴올리언스에서 1830년에 출시된 페이쇼즈 비터스가 있다.

오렌지 비터스

대부분 칵테일 바에 필수품으로 자리 잡은 오렌지 비터스는 말린 시트러스 껍질(쓴맛)로 만들며, 고수와 카더몬을 첨가하기도 한다.

이제 기본을 배웠으니, 이를 바탕으로 스펙트럼을 마음껏 넓혀보자. 비터스의 종류는 우리가 상상할 수 있는 거의 모든 풍미를 아우를 정도로 무궁무진하다. 어떤 종류는 맛이 너무 독특해서 몇몇 카테고리에만 한정적으로 적용이 가능하다. 그러나 칵테일 맛의 영역을 확장하는데 유용한 종류(초콜릿, 라벤더, 셀러리 등)도 존재한다.

021 { 믹서를 공부하라 }

여기서 말하는 믹서는 시중에 판매하는 스위트 앤드 사워 믹스, 마르가리타 믹스 또는 올드 패션드 믹스가 아니다(올드 패션드는 세 가지 재료를 혼합한 칵테일인데, 이미 섞어놓은 제품을 판매한다니 놀라울 따름이다). 다음은 홈 바에 구비해두면 유용한 진짜 믹서다.

소다

- ○ 콜라
- ○ 레몬라임
- ○ 클럽*
- ○ 셀처*
- ○ 진저비어**
- ○ 진저에일**
- ○ 토닉

믹서

- ○ 토닉 시럽
- ○ 블러디 메리***
- ○ 오르쟈(아몬드 시럽)
- ○ 팔레넘 (라임, 정향, 진저 코디얼)
- ○ 그레나딘
- ○ 라임 코디얼

* 대부분 잘못 알고 있는데, 클럽과 셀처는 서로 다르다. 셀처는 단순한 소다수인 반면, 클럽은 탄산의 산성화 현상을 상쇄하기 위해 베이킹소다 같은 알칼리성 염분을 첨가한 제품이다. 이 둘은 맛도, 사용법도 상이하다.

** 진저비어는 발효를 거쳐서 생강 풍미가 매우 강한 편이다. 반면 진저에일은 생강 추출물을 첨가해서 비교적 가볍고 달다.

*** 183번에 블러디 메리를 직접 만드는 방법이 나와 있다. 그러나 숙취가 심한 경우, 믹서를 사용하는 것도 나쁘지 않다.

022

토닉을 탐구하라

토닉은 꽃부터 향신료까지 다양한 식물 레시피를 토대로 제조된다. 자신이 선호하는 증류주에 토닉을 섞어서 다채로운 특징을 살릴 수 있다. 즉, 진이나 보드카에 새로운 토닉을 섞으면 완전히 다른 맛으로 둔갑한다. 수많은 토닉 중 하나를 고르자니 막막할 것이다. 차라리 친구를 여럿 초대해 시음회 기회로 활용해보면 어떨까?

토닉워터 토닉 시럽을 선호한다고 해도, 냉장고에 토닉워터 한두 병은 구비해두는 것이 좋다. 청량한 탄산감을 느끼고 싶거나 맑고 투명한 색을 내고 싶다면 토닉워터가 제격이다.

토닉 시럽 탄산이 적고 음료에 색이 들어가도 상관없는 경우, 시럽이 상당히 유용하다. 토닉 시럽은 강렬한 풍미 덕분에 알코올 없이도 충분히 맛있다. 따라서 술을 마시지 않는 사람에게도 흥미로운 선택이 될 수 있다.

023 시트러스를 착즙하라

과일을 짜면 즙이 얼마나 나올까? 평균 크기의 시트러스 과일 한 개를 착즙했을 때 나오는 과즙의 양은 다음과 같다.

라임=30㎖(1oz)
레몬=44㎖(1½oz)
오렌지=75㎖(2½oz)
자몽=105㎖(3½oz)

파인트PINT

파인트는 다용도로 사용할 수 있다. 음료를 안에 넣고 섞어도 되고, 섞은 다음 바로 마셔도 된다. 재질은 강화유리이며, 용량은 473㎖(16oz)다.

칵테일COCKTAIL

코스모폴리탄(134번 참고)이나 레몬 드롭(137번 참고)처럼 흔들어서 만드는 칵테일은 전형적인 칵테일 잔을 사용한다. 제발 부탁인데 칵테일 잔에 담았다고 다 짜고짜 '-티니'라 부르지 말자. 용량은 237㎖(8oz)다.

쿠프COUPE

과거에는 쿠프 잔에 샴페인을 따라 마셨지만, 현재는 다이키리(122번 참고)처럼 흔들거나 저어서 만드는 클래식 칵테일에 흔히 사용한다. 용량은 148~237㎖(5~8oz)다.

024 유리잔 스펙을 파악하라

유리잔은 액체를 담는 본질적 임무 외에도 훌륭한 음료를 완성하는 핵심적 역할을 한다. 반드시 화려하고 값비싼 잔을 사용할 필요는 없다(중고 숍에서 구매하는 바텐더도 있다). 그러나 만들려는 음료에 어울리는 잔을 사용해야 한다.

유리잔의 모양은 음료의 풍미와 아로마에 영향을 미치며, 특히 니트NEAT로 마시는 경우는 더욱 그러하다. 한번 재미삼아 좋아하는 술을 다양한 형태의 잔에 따라보자. 향을 맡고 맛을 보면, 같은 술이라도 잔의 형태에 따라 극명하게 달라짐을 알 수 있다.

유리잔의 크기도 중요하다. 전에도 들어봤겠지만, 잔은 작을수록 좋다. 큰 잔에 칵테일을 마시다가 중간에 미지근해지는 것보다, 작은 잔에 바로 만든 시원한 칵테일을 두 번 마시는 게 훨씬 낫다. 게다가 칵테일을 표준 용량보다 큰 잔에 담으면 바텐더가 인색하다는 인상을 줄뿐더러 손님이 과음할 수도 있다.

올드 패션드OLD-FASHIONED
올드 패션드(085번 참고), 사제락(097번 참고), 네그로니(057번 참고) 등 증류주 베이스 칵테일에 가장 잘 어울린다. 얼음을 넣을 때도 있고, 넣지 않을 때도 있다. 용량은 296~355㎖(10~12oz)다.

닉 앤드 노라NICK AND NORA
마티니(100~106번 참고) 등 저어서 만드는 칵테일을 담는 잔이다. 칵테일 아워에 내놓기 완벽하다. 용량은 148㎖(5oz)다.

콜린스COLLINS
소다, 주스, 저알코올 파티오 음료(171번의 핌스 컵 등)에 어울리는 잔이다. 길고 좁은 형태 때문에 보틀 브러시로 세척해야 한다. 용량은 325㎖(11oz)다.

샴페인 플루트CHAMPAGNE FLUTE
미모사(067번 참고)나 벨리니(064번 참고) 같은 스파클링 와인 음료나 샴페인, 샴페인 칵테일에 사용한다. 용량은 148㎖(5oz)다.

025 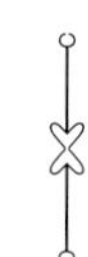 색다른 용기를 추가하라

다음의 유리용기는 필수품은 아니지만 쏠쏠한 재미를 더한다. 칵테일 제조기술도 어느 정도 터득했고 취향에 맞는 칵테일 타입을 분별할 능력도 갖췄다면, 유리용기를 하나씩 늘려가는 것도 또 다른 재미다.

사실 이런 참신한 용기, 유리잔, 머그 등은 전문가나 수집광을 위한 것으로, 칵테일 초보자에게는 기본 제품만 있어도 충분하다. 예를 들어 와인 잔은 위스키, 코디얼, 아페리티프, 식후주 등 니트로 마시는 모든 음료에 두루두루 어울린다.

커피 머그잔은 모든 뜨거운 음료에 사용할 수 있다. 큰 볼이나 속을 파낸 호박 또는 수박도 훌륭한 펀치 볼로 활용 가능하다. 단순한 파인트 잔도 티키 칵테일이나 대부분 음료에 잘 어울린다.

그러나 특정 칵테일 타입이나 카테고리 전용으로 만든 잔이 주는 특유의 깊은 만족감이 있다. 예를 들어, 모스코 뮬을 위한 스텐 줄렙 컵이나 구리 머그처럼 말이다. 무더운 날에는 얼린 금속 잔처럼 시원한 게 없으며, 폴리네시안 칵테일에는 악령을 물리치는 티키 잔이 제격이다.

위스키WHISKY

브랜디, 위스키 등 니트 증류주의 아로마를 증폭하는 형태를 지녔다. 스토즐 글렌캐런Stölzle Glencairn 브랜드를 추천한다. 용량은 177.5mℓ(6oz)다.

코디얼CORDIAL

작고 굴곡진 형태를 띤다. 그라파, 오드비, 리큐어를 넣은 식후주에 제격이다. 용량은 89~118mℓ(3~4oz)다.

티키 머그TIKI MUG

모든 티키 음료에 어울리며, 드라마틱한 외관을 가졌다. 평범한 주스도 티키 머그에 담으면 즐거움이 배가 된다. 용량은 355~473mℓ(12~16oz)다.

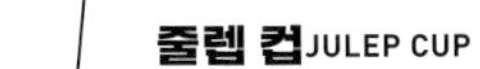

줄렙 컵 JULEP CUP

민트 줄렙(176번 참고)에 주로 사용하는 빛나는 은색 컵이다. 으깬 얼음이 들어간 음료와 대체로 잘 어울린다. 주석 재질이 음료를 차갑게 유지하고 얼음의 희석 속도를 늦춘다. 용량은 355㎖(12oz)다.

코퍼 머그 COPPER MUG

모스코 뮬(169번 참고)을 비롯한 뮬(벅)에 전형적으로 사용하는 컵이지만, 얼음과 소다가 들어간 음료라면 두루두루 잘 어울린다. 용량은 355~473㎖(12~16oz)다.

펀치 볼 PUNCH BOWL

피시 하우스 펀치(250번 참고) 같은 펀치나 각자 퍼서 마시기 좋은 대용량 음료를 만들 때 유용한 대형 유리 볼이다. 북적북적한 파티에 매우 잘 어울린다. 크기는 다양하다.

아이리시커피 머그 IRISH COFFEE MUG

아이리시커피(194번 참고)와 뜨거운 음료, 레이어드 음료에 걸맞은 잔이다. 재질은 강화유리이며, 용량은 177.5~237㎖(6~8oz)다.

위스키 WHISK(E)Y

E를 넣느냐 빼느냐 그것이 문제로다

'곡물로 만든 주류'로 정의되는 증류주 베이스의 수많은 칵테일은 비교적 무난하고 서로 비슷비슷해 보인다. 그러나 증류주의 숙성 기간과 칵테일 레시피에 따른 차이는 놀라운 다양성을 지닌다. 한편 위스키의 철자가 다른 이유는 단순히 지역적 차이에서 기인한다. 스코틀랜드, 일본, 캐나다는 'Whisky', 미국 전역과 아일랜드는 'Whiskey'라 표기한다. 따라서 포괄적으로 'Whisk(e)y'라 표기하는 경우가 많다.

026

생명의 물, 위스키의 역사

11세기, 기독교 수도회가 곡물을 증류해 생약을 만드는 과정에서 영국에 증류법이 도입됐다고 알려져 있다. 이 음료를 우스게 바하uisge beatha라 불렀는데, 게일어로 '생명의 물'이란 뜻이다. 헨리 2세가 1171년에 아일랜드를 침략했을 당시 그의 군대가 이 증류주를 마셨다는 내용이 최초의 역사적 기록으로 남아 있다.

이후 증류법은 수도원과 약제상을 넘어 농가에 전파됐다. 농부들은 풍년에 증류법으로 돈을 벌 기회를 포착했고, 증류와 미숙성 곡주에 대한 인기가 치솟았다. 17~18세기, 스코틀랜드와 아일랜드 이주민으로 인해 증류법은 미국과 캐나다까지 확산했다.

027

스카치위스키의 역사를 살펴보자

스카치위스키가 숙성 위스키로 자리 잡은 것은 1915년에 지독한 금주론자였던 데이비드 로이드 조지David Lloyd George 영국 총리가 '미숙성 증류주 조례'를 도입한 이후다. 조지 총리는 스코틀랜드에 성행하는 미숙성 곡주의 소비량을 낮추려는 의도였지만, 이는 오히려 오크 숙성에 대한 실험과 혁신을 촉진하는 계기가 됐다.

028

라벨을 판독하라

위스키 라벨에는 이해하기 어려운 내용이 꽤 많다. 그중 가장 많이 쓰는 문구와 그 뜻을 살펴보자.

싱글 몰트SINGLE MALT

단일 증류소에서 증류, 숙성, 병입 처리를 하고, 한 종류의 발아 곡류(주로 보리)로 만든다.

블렌디드 몰트BLENDED MALT

두 개 이상 증류소의 싱글 몰트를 혼합해서 블렌디드 몰트를 만든다.

블렌디드 위스키BLENDED WHISK(E)Y

싱글 몰트나 블렌디드 몰트에 비교적 라이트한 성숙/미성숙 곡물 증류주를 혼합한 것이다. 보통 그레인위스키는 가격이 저렴한 미발아 곡류(옥수수 등)로 만들며, 고도수로 증류해서 중성적 풍미를 낸다.

싱글 캐스크/배럴SINGLE CASK/BARREL

명칭에서 짐작할 수 있듯, 단일 배럴에서 나온 위스키를 병입한 것이다.

캐스크/배럴 스트렝스

CASK/BARREL STRENGTH

배럴에서 따라낸 뒤 물로 희석하지 않은 위스키다. 대부분 여과 과정을 거치지만, 그렇지 않은 경우 이를 반드시 명시해야 한다. 여과하지 않은 숙성 위스키를 칠링하면 약간 탁한 색을 띤다.

캐스크 피니시드CASK FINISHED

캐스크 피니시드 위스키는 포트, 셰리 등 다른 종류의 술을 숙성했던 배럴에서 2차 숙성 기간을 거친다.

029 위스키는 이렇게 만든다

1단계 위스키를 만드는 전통 방식은 맥주와 거의 흡사하다. 바로 보리를 몰팅malting하는 것이다. 먼저 곡물을 물에 불려 발아시킨다(아밀레이스 효소가 생성되는 주요 단계). 그런 다음 발아한 곡물을 토탄 불에 볶는데, 이때 스카치의 훈연 풍미가 생성된다.

2단계 곡물을 배합한다. 이를 매시 빌(레시피)이라고 하는데, 어떤 술을 만들지 결정짓는 주요 단계다. 예를 들어 버번은 옥수수가 최소 51% 들어가야 한다. 보리는 소량이라도 반드시 들어가는데, 아밀레이스 효소가 다른 곡물의 전분을 효모도 접근 가능한 당으로 전환하기 때문이다.

3단계 드디어 증류 단계다. 증류소와 주류에 따라 증류기 종류와 처리 과정이 달라진다. 단식 증류기를 사용하면 곡물 풍미가 강해지고, 연속식 증류기를 사용하면 알코올 도수가 높아지는 대신 풍미는 옅어진다. 평균적으로 맥주 1,900리터를 약 6%의 알코올 도수로 증류하면, 200리터가 나온다. 이는 표준 크기의 오크 배럴 한 통을 채울 정도의 양이다.

4단계 위스키의 예술성과 차별성은 증류주를 숙성하는 방법과 장소에서 비롯된다. 오크 풍미가 얼마나 추출되는지는 배럴의 크기에 따라 달라진다. 또한 저장실 위치, 주변 온도 그리고 배럴이 새것인지 아닌지도 중요하다. 특히 셰리를 숙성했던 배럴은 복합적이고 풍성한 견과류 풍미로 인해 인기가 매우 높다.

5단계 병입 과정은 상당히 복잡하다. 여러 배럴을 무턱대고 한데 섞는 단순한 작업이 결코 아니다. 같은 장소에서 같은 기간 동안 숙성해도, 배럴마다 다르게 변화한다. 따라서 각 배럴을 어떤 비율로 섞는지가 최종 제품에 매우 중요하다. 칵테일을 만들 때처럼 말이다.

030 신선한 주스를 확보하라

칵테일에서 신선한 주스의 중요성은 아무리 강조해도 지나치지 않다. 칵테일에 들어가는 주스 양이 아무리 미미하더라도, 신선한 주스는 성공적인 칵테일의 핵심 요소다. 특히 마르가리타, 솔티 도그, 미모사 등 시트러스 칵테일은 주스의 신선도가 매우 중요하며, 이를 얻기 위한 추가적인 노력이 필요하다. 신선하지 않은 시트러스는 그마저도 옅은 향기가 금세 사라지고, 일차원적인 신맛만 남는다.

031 { 착즙기를 사용하라 }

모든 주서기가 만능은 아니지만, 알맞은 도구를 사용한다면 집에서도 쉽게 즙을 짤 수 있다.
가장 흔히 사용하는 도구는 무엇이 있는지 살펴보자.

시트러스 스퀴저 CITRUS SQUEEZER	단순하고 효율적이지만, 레몬과 라임 이외의 과일은 착즙하기 어렵다. 만일의 경우, 오렌지나 자몽은 작게 잘라서 착즙한다.
시트러스 리머 CITRUS REAMER	이 전통적인 과즙기는 큼직한 오렌지나 자몽을 눌러 짜는 데 안성맞춤이다. 전기 리머도 있으며, 방망이처럼 생긴 리머는 칵테일보다 요리용에 가깝다.
시트러스 프레스 CITRUS PRESS	스퀴저와 리머를 결합한 전문적인 도구지만, 비싸고 거추장스럽다. 오렌지와 자몽을 신속하게 착즙할 수 있다.
주서기 JUICER	냉압기와 착즙기는 수박처럼 물기가 많고 무른 과일을 제외하곤 모든 재료를 잘 착즙한다.
블렌더 BLENDER	물을 추가해야 제대로 작동한다. 허브나 다즙한 과일에 적합하다.

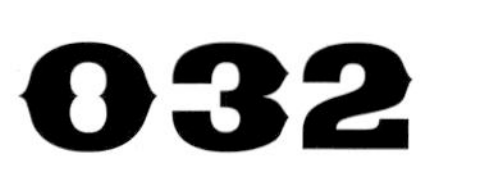
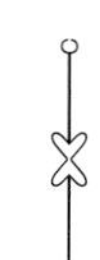

032 주스, 착즙하거나 구매하거나

신선도는 차치하더라도 홈메이드 주스가 무조건 좋은 건 아니다. 게다가 집에서 착즙할 수 없는 재료도 있다. 우리가 즐겨 찾는 주스에 관한 알찬 정보를 모아 봤다.

오렌지/자몽

오렌지 주스나 자몽 주스는 레몬 주스나 라임 주스보다는 품질이 좋다. 그러나 신선한 과일을 직접 착즙한 것이 더 낫다.

레몬/라임

시트러스 스퀴저를 사용하는 것이 가장 이상적이다. 껍질에서 나온 시트러스 오일이 주스의 향을 높여준다.

복숭아/살구

핵과류 과일은 쉽게 산화한다. 레몬 주스나 라임 주스를 조금 추가하면 산화를 늦출 수 있다.

딸기/베리

소스팬에 베리류와 설탕을 넣고 졸인 다음 체에 걸러서 시럽을 만든다. 블렌더를 사용하는 경우, 물을 넣고 갈아서 체에 거른다.

파인애플

작은 캔에 든 파인애플 주스에서는 금속 맛이 난다. 직접 만들기 힘들다면, 유리병에 든 100% 파인애플 주스를 구매하자. 직접 만드는 경우, 껍질을 간 파인애플 조각과 심지를 블렌더에 물과 함께 넣고 간 다음 체에 거른다.

석류

가을이나 초겨울에 지역 농산물 장터에 가면 갓 착즙한 석류 주스를 구할 수 있다.

수박

무더운 여름날, 수박을 직접 착즙하면 그 자체로 굉장히 상쾌하기 때문에 수고할 만한 가치가 있다. 주서기를 사용하기에는 즙이 너무 많으므로, 블렌더에 껍질을 제거한 수박 조각을 물과 함께 넣고 갈아서 체에 거른다.

토마토

토마토 주스는 사실상 묽은 소스에 가깝다. 착즙한 토마토로는 절대 블러디 메리를 만들 수 없다. 토마토 주스는 시판 제품을 구매하자.

당근/비트

당근과 비트는 음료에 흙 풍미와 선명한 색을 더한다. 가능한 한 주서기를 사용하자.

크랜베리

크랜베리 주스는 100% 주스가 아니라 당분을 첨가한 음료다. 시판 제품을 구매하자.

코코넛

마체테 기술을 연마하고 싶은 게 아니라면, 마트에서 판매하는 코코넛밀크 통조림을 구매하자.

사과

집에 주서기가 없다면, 여과하지 않은 대용량 사과 주스나 애플사이다를 사용한다.

033 맞춤형 칵테일을 만들어라

칵테일을 개인 취향에 맞춰 약간의 변형을 시도하는 일은 즐거우면서도 그리 어렵지 않다. 일단 재료마다 추가 방식이 달라진다. 예를 들어 과일, 허브, 향신료 향을 더하고 싶다면, 단미 시럽(047번 참고), 증류주 침출, 팅크제, 슈럽 shrub을 활용한다.

침출법의 경우, 용량을 정확히 기록해서 나중에 다시 만들 때 참고하면 좋다. 그리고 어떤 재료가 들어갔는지 술병에 표시해두고, 재료를 담근 날짜와 걸러낸 날짜를 노트에 기록해두자.

그러나 칵테일에 풍미를 더한다고 온갖 재료를 한꺼번에 넣지는 말자. 한 번에 하나씩 추가해보고, 그 맛을 기억해둔다. 자동차에 바퀴가 많다고 좋은 차가 아니듯, 재료를 많이 넣었다고 좋은 칵테일이 되는 건 아니다.

034 증류주 침출법에 도전하라

증류주 침출법은 당신이 좋아하는 보드카, 위스키, 진에 풍미를 가미하는 즐거운 방법이다(실제 모든 증류주가 가능하다). 생과일이나 채소 또는 말린 것, 허브, 지방은 모두 침출법에 적합한 재료다. 처음에는 시험 삼아 소량만 넣어보자. 병을 가득 채우기보다 한 컵 정도가 적당하다. 혹시라도 잘못돼서 유황 맛이 나더라도 미련 없이 버릴 수 있다. 그럼 제대로 된 침출법을 알아보자.

직접 침출법

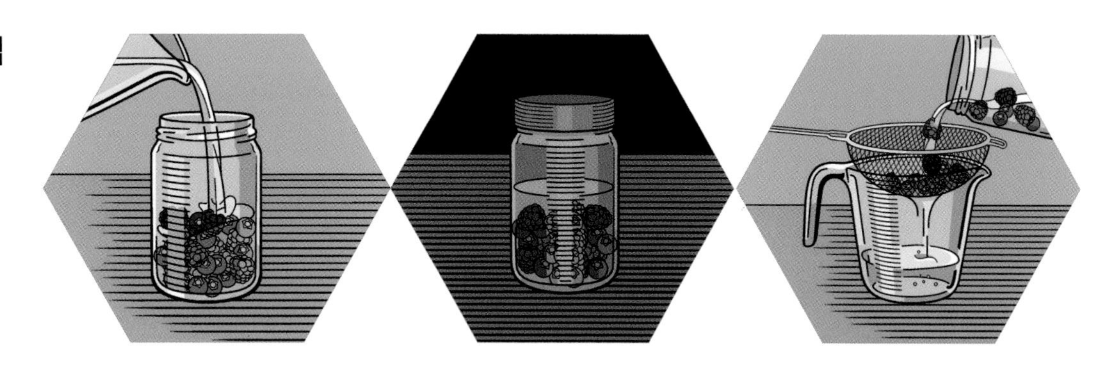

1단계 원하는 증류주와 재료(허브, 과일, 채소) 1컵을 밀폐 유리병에 넣는다. 크기가 작을수록 침출 속도가 빨라지므로, 재료를 잘라서 넣는다. 과일 심지 등 먹지 않는 부분은 넣지 않는다. 사과나 복숭아 껍질은 아로마와 풍미를 많이 함유하고 있으므로 그대로 넣는다. 가능한 한 유기농 제품을 사용한다(알코올은 용매라서 농약까지 우러날 수 있으므로 주의한다).

2단계 잘 흔들어서 어둡고 서늘한 장소에 보관한다. 하루를 기다렸다가 맛을 확인한 뒤, 다시 흔들어서 원래 자리에 놓는다. 생허브는 2~3일, 과일은 최대 일주일이 지나야 우러난다.

3단계 건더기를 걸러낸다(언뜻 괜찮아 보이지만, 그대로 두면 뭉개져서 술이 탁해진다). 그리고 증류주는 냉장실에 보관한다.

지방 침출법

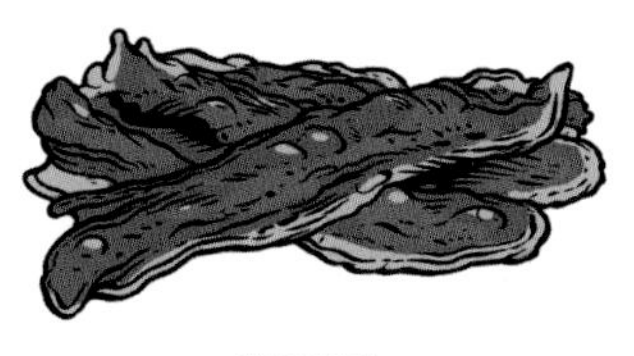

베이컨

땅콩

팝콘

브라운 버터

1단계 원하는 지방 28g(1oz)이 고체인 경우, 실온에 녹인다. 그리고 냉동실에 들어갈 만한 크기의 금속 그릇이나 냄비에 증류주 1컵과 지방을 넣고, 저어서 혼합한다. 그릇을 덮은 채 실온에 몇 시간 동안 놓아둔다.

2단계 지방과 증류주 혼합물을 냉동실에 최소 몇 시간 동안 넣어둔다. 지방이 실온에서 액체 상태였다면, 더 오래 놓아둔다.

3단계 고체 상태가 된 지방을 걸러내고, 증류주는 깨끗한 유리병에 옮겨 담아 냉장실에 보관한다.

035 팅크제로 풍미를 가미하라

팅크제는 기능성이 꽤 뛰어나다. 농도는 침출법보다 높고, 강도는 비터스에 가깝다. 따라서 디테일을 미세하게 조정하고 싶을 때 팅크제를 사용한다. 허브, 향신료, 시트러스 껍질, 고추, 기타 식물과 모두 잘 어울리며, 각 재료의 강도를 조절하는 데 용이하다.

1단계 알코올 도수가 높은 보드카를 유리병 절반 높이만큼 붓는다. 여기에 원하는 재료를 넣는다(향신료는 토스팅해서 넣는다). 뚜껑을 닫고 병을 흔들어서 잘 섞는다.

2단계 유리병을 어둡고 서늘한 장소에 놓아둔다. 매일 흔들어주고, 강도와 아로마를 체크한다. 2~3주가 지났는데도 강도가 약하면, 더 오래 놓아둔다. 고추는 며칠이면 충분하지만, 향신료는 몇 주가 소요되기도 한다.

3단계 원하는 강도에 이르면, 스트레이너로 건더기를 걸러낸다. 사용량을 조절하기 용이한 스포이트 공병이나 비터스 공병에 액체를 옮겨 담는다.

4단계 신나게 섞어보자! 완성된 팅크제를 음료에 한 방울(또는 여러 방울) 떨어뜨린 뒤 잘 섞는다. 가니시와 향미료 역할을 톡톡히 해낸다.

036

슈럽을 만들어라

슈럽은 과일을 오래 보존하기 위해 미국 식민지 시대부터 이어져 왔다. 식초와 설탕을 이용해 신선한 과일을 새콤한 시럽 형태로 만들어서 칵테일에 첨가하는 훌륭한 방법이다.

→ **1단계** 과일을 작게 다진다. 다진 과일 1컵과 설탕 1컵을 넣고, 과일을 가볍게 눌러가며 섞는다. 뚜껑을 덮고 냉장실에 밤새 놓아둔다.

→ **2단계** 과일을 으깨서 망에 거른다. 이때 건더기가 망을 통과하지 않게 주의하며 즙을 최대한 짜낸다.

→ **3단계** 망에 거른 즙에 식초 1컵을 넣고 섞는다.

→ **4단계** 칵테일에 섞어서 맛있게 마신다. 힘들게 만들었으니 제대로 활용해보자.

037 얼음의 역할에 주목하라

얼음의 형태, 크기, 양이 칵테일에 미치는 영향은 예상보다 크다. 칵테일을 섞을 때, 얼음이 칵테일 맛의 핵심 요소인 온도와 희석도를 결정하기 때문이다. 희석도가 낮으면 칵테일이 너무 강하게 느껴진다. 반면 얼음이 너무 작으면, 칵테일이 과하게 희석된다. 얼음 상태에 따라 주의할 점이 무엇인지 알아보자.

038

얼음을 투명하게 만들려면

가정에서 투명한 얼음을 만들기는 쉽지 않다. 당장 냉동실에 있는 큐브 얼음을 살펴보라. 기포나 미네랄 때문에 뿌옇다. 인터넷에 정제수나 끓인 물을 쓰면 된다는 정보는 넘쳐나지만, 말처럼 간단하지 않다. 작가이자 블로거인 캠퍼 잉글리시Camper English는 그의 웹사이트Alcademics.com에 수많은 실험 과정을 올렸는데, 결론은 다음과 같다. 얼음을 위에서부터 아래로 방향성 있게 얼려야 한다. 마치 연못이 위쪽부터 어는 것처럼 말이다. 그는 이 과정을 재현하기 위해 물을 채운 소형 아이스박스를 냉동실에 넣어서, 물이 위쪽부터 서서히 얼게 만들었다. 그리고 투명한 윗부분만 남기고, 탁한 부분이 몰린 하단을 잘라냈다. 여기서 우리가 얻을 수 있는 교훈은 무엇일까? 투명한 얼음을 쓰고 싶다면, 동네 칵테일 바에서 얼음 덩어리나 큰 큐브 얼음을 구매하자. 아니면 힘을 좀 빼고, 그냥 뿌연 얼음을 쓰자.

039 얼음을 깨는 유용한 도구

얼음 활용도를 한 단계 높이고 싶다면, 도구 몇 가지를 추가로 구매할 필요가 있다.

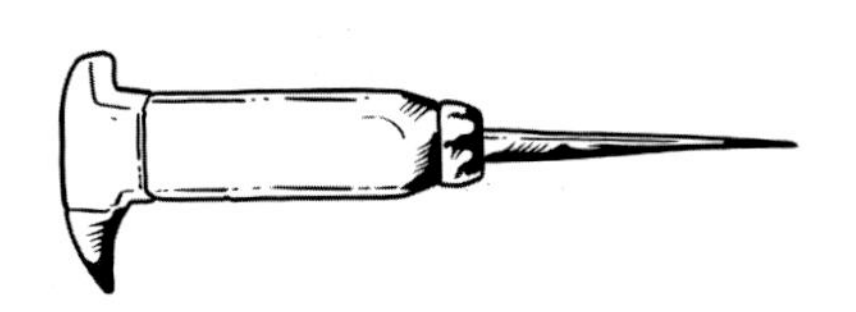

얼음송곳 얼음 형태를 다듬는 데 사용하며, 목적에 맞게 여러 스타일로 나온다. 얼음을 구형으로 동그랗게 깎는 것부터 시작해 큰 덩어리를 큐브 형태로 쪼개거나 작게 쪼갤 때도 사용한다. 얼음송곳은 구식이고 느린 데다 연습이 필요하지만, 전기에 연결하거나 별도의 관리가 필요 없다.

칼 과도나 톱니과도는 얼음 표면을 매끈하게 깎아내는 데 사용한다. 대부분 가정에 하나씩은 있다.

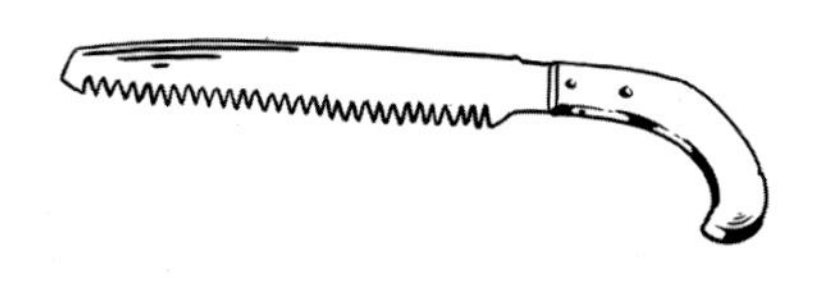

얼음톱 135kg짜리 얼음 덩어리를 깨뜨리는 등 고강도 작업에 사용한다. 종류는 사슬톱, 손톱, 띠톱 등이 있으며, 얼음을 신속하고 깔끔하게 절단한다.

얼음망치와 캔버스 백 으깬 얼음을 만드는 데 사용한다. 얼음을 캔버스 백에 넣고 망치질을 한다. 녹은 물은 캔버스 천에 스며들고, 캔버스 백 안에는 눈처럼 하얗게 으스러진 얼음만 남는다.

아이스볼 프레스 얼음 덩어리를 완벽한 구형으로 만든다. 2단 형틀을 분리한 뒤, 아래쪽 형틀에 얼음 덩어리를 넣고, 위쪽 형틀을 다시 제자리에 놓는다. 그러면 얼음의 겉면이 녹으면서 형틀 속에 완벽한 구형 얼음만 남는다.

USBG | 세인트루이스 지부 ✦ 테드 킬고어 ✦ 플랜터스 하우스Planter's House의 오너이자 음료파트 책임자

040  얼음 조각을 의뢰하라

세인트루이스에 위치한 플랜터스 하우스의 오너이자 음료파트 책임자인 테드 킬고어Ted Kilgore는 투명한 대형 얼음을 구하기 위해 얼음회사를 찾았다. 킬고어가 칵테일용 특수 큐브 얼음을 주문하자, 회사는 얼음 덩어리보다 훨씬 좋은 선택을 제안했다. 컴퓨터 자동화 기계로 정밀하게 절단한 얼음이었다.

킬고어는 이제 자신이 원하는 정확한 사이즈와 형태의 얼음을 주문할 수 있게 됐다. 예를 들어, 자신의 바에서 사용하는 칵테일 잔에 꼭 맞는 원통형 얼음처럼 말이다. 전처럼 얼음을 일일이 깨서 다듬을 필요가 없어졌다. 그렇다면 가격은 어느 정도일까? 얼음 한 개당 50센트다. 이로써 절약된 시간과 노동력에 비하면 결코 아깝지 않은 돈이다.

041 { 얼음 몰드를 활용하라 }

특정 모양의 얼음을 만드는 데 얼음 몰드처럼 간편한 도구도 없다. 구형, 큐브, 하트, 별 심지어 편자 모양까지 별의별 형태의 몰드가 다 나온다. 유일한 문제는 재질이 실리콘이라는 점이다. 실리콘은 다공성이라서 냉동실의 온갖 냄새를 흡수해버린다. 그러므로 반드시 냉동실에 베이킹소다를 넣어두고, 얼음이 굳는 즉시 몰드에서 빼내 지퍼백에 보관한다. 몰드에 냄새가 밴 경우, 식초를 섞은 물에 담가둔다.

042

반드시 재료를 계량하라

이 책에서 단 하나만 기억해야 한다면, 바로 이것이다. 반드시 재료를 계량하라. 이 말만 명심하면, 굉장히 유용할 것이다.

특히 처음에는 최대한 공들여 재료를 계량하는 게 매우 중요하다. 그러다 보면 매번 균형 잡힌 맛있는 칵테일을 일관되게 만들 수 있다.

계량도구는 선택의 폭이 매우 넓으니 마음에 드는 걸 선택한다. 다만, 단시간에 사용법을 익히기 어려운 것도 있다. 넘어지지 않고 걸을 수 없다는 말이 있듯이 하다 보면 손에 익숙해질 것이다.

043

궁극적으로 중요한 건 비율이다

마음에 드는 계량도구를 골랐다면, 이제 인내심을 발휘할 차례다. 빠른 것보다 정확한 게 더 중요하다. 세상만사가 그렇듯, 속도를 높이려면 시간과 연습이 필요하다. 특정 브랜드나 도구 스타일의 정확도에 대해서는 바텐더 사이에서도 의견이 분분하다. 그도 그럴 것이 도구 때문에 미미한 오차가 발생하면, 칵테일의 균형감이 깨질 수 있기 때문이다. 따라서 초보자의 경우, 도구의 정확도보다 일관성이 더 중요하다.

궁극적으로 칵테일 레시피에서 가장 중요한 것은 비율이며, 정확도에 대한 토론에 깊게 빠질 필요가 없다. 그것은 불완전성과 절대적 진리, 플라톤의 이데아론, 무한성 같은 철학적 고찰처럼 복잡하고 끝이 없다. 깊숙한 토끼 굴에 발을 들이는 대신 칵테일을 만드는 데 집중하자.

더블사이드 지거

일종의 소형 계량컵이다. 큰 컵의 용량은 작은 컵의 두 배다. 좋은 모델은 컵 안쪽에 눈금이 새겨져 있다. 한 가지 주의점이 있는데, 컵의 형태가 'V'자로 생겨서 적은 양은 눈대중으로 가늠하기가 거의 불가능하며, 또한 음료를 흘리기 쉽다. 그러므로 도구에 익숙해지기 전까지 물로 연습하자.

푸어러

바텐더가 음료를 잔에 바로 따르는 '프리 푸어링free pouring' 기술을 선보일 때가 있다. 이때 바텐더는 음료를 부으면서 양을 계산하고 있다. 이 기술을 익히려면 상당한 연습이 필요한데, 일단 능숙해지면 굉장히 정확하고 신속하게 음료를 만들 수 있다. 진지하게 이 기술을 연마하고 싶다면, 처음에는 물로 연습해보자.

계량컵

소형 계량컵도 흔히 선택하는 도구다. 계량컵은 온스, 밀리리터, 테이블스푼, 분수 등 눈금 단위도 다양하다. 옥소OXO 브랜드가 가장 유명하며, 컵 안쪽에 대각선 방향으로도 눈금이 표시돼 있어, 위에서 아래로 내려다보면서 양을 측정할 수 있다.

계량스푼

미량을 매우 정확하게 계량할 때 유용하다. 계량스푼으로 2티스푼은 10mℓ(⅓oz), ½테이블스푼(1½티스푼)은 7.5mℓ(¼oz), 1테이블스푼은 15mℓ(½oz)다. 칵테일 재료를 빠르게 계량하고 싶을 때 적합한 도구는 아니지만, 알아두면 도움이 될 때가 있다.

바 스푼

오래된 레시피에서 바 스푼이 등장할 수 있다. 굳이 사용하겠다면, 바 스푼에 액체가 얼마만큼 들어가는지 사전에 정확하게 확인해보자. 대략 1바 스푼은 5mℓ에 가깝다.

044

바를 다채롭게 채워보자

기본적인 칵테일 바 도구(005번 참고)를 갖추고 칵테일도 몇 번 흔들어봤다면, 추가적으로 어떤 장비를 구매하면 좋을지 알아보자.

얼음 집게

별것 아닌 것처럼 보이지만, 손이 시리지 않게 얼음을 집게로 집어서 잔에 넣거나 끈적이는 소스를 손에 묻히지 않고 체리를 잔에 담을 때 상당히 유용하다. 덤으로 바텐더 일에 능숙한 것처럼 보이게 만들어준다.

아이스 버킷

평소에 손님 접대를 즐기는 편이라면, 아이스 버킷을 두세 개 준비해두면 상당히 편리하다. 한 개는 주스, 스파클링 와인, 맥주를 넣어두는 '더러운 얼음용'으로 사용하고, 나머지는 음료에 넣는 '깨끗한 얼음용'으로 사용한다.

대형 큐브 얼음 몰드

냉동실에 기본으로 설치된 사각 몰드를 사용해도 되지만, 좋은 몰드에 조금만 투자해도 칵테일을 서빙할 때 엄청난 차이를 만들어 낼 수 있다.

루이스 아이스백과 나무망치

줄렙이나 스위즐을 자주 만들거나 즐겨 마신다면 상당히 유용한 도구다. 심지어 굴이나 새우 칵테일(음료가 아니고 음식 이름이다)을 만들 때 사용하기도 좋다. 덤으로 망치로 신나게 두드리다 보면 스트레스까지 풀린다.

나무 머들러

단단한 목재로 만들고 겉면을 래커로 코팅하지 않은 큼직한 머들러를 고른다(사용하다 보면 코팅이 떨어져나간다). 손잡이를 잡으면 작은 곤봉처럼 적당하게 묵직한 무게가 느껴진다. 얼음을 캔버스 백에 넣고 두드려서 으깨는 데 안성맞춤이다.

바 매트

칵테일을 여러 잔 만들다 보면 액체가 밖으로 튀기 마련이다. 이때 액체를 흡수하는 바 매트가 얼마나 도움이 되는지 모른다. 액체를 흠뻑 머금어서 축 늘어진 바 매트를 주방을 가로질러 싱크대까지 옮겨보면, 얼마나 많은 양을 흡수했는지 깜짝 놀랄 정도다. 바 매트를 도마 위에 올려놓으면, 번거로운 일을 방지할 수 있다.

045 컵받침으로 가구를 보호하라

홈 바를 만들 때, 컵받침도 잊지 말고 구비하자. 칵테일 바와 펍에서 흔히 볼 수 있는 컵받침은 가정에서 더욱 요긴하게 쓰인다. 근사한 가구에 물방울이 스며들면 금세 상하기 때문이다. 금속이나 석재 표면도 칵테일에 함유된 구연산과 반응해 동그란 자국이 남기도 하는데, 이런 불상사도 컵받침이 어김없이 막아준다. 게다가 스타일과 재질이 무궁무진해서 어떤 인테리어라도 꼭 맞는 컵받침을 찾을 수 있다. 가격도 상한 가구를 다시 코팅하거나 색칠하는 비용보다 훨씬 저렴하다.

EVIL'S ACRE
WHITEC
3174 16th St. San Francisco, CA
Tipsy Since 1939
HOTSY TOTSY CLUB
You Are Here
Golden Gate
Berkeley
Emeryville
Albany
Oakland
San Francisco
Piedmont
Alameda
DARYL HALL JOHN OATES
PRIVATE EYES
"JE SUIS TITANIA"
(I am Titania)
"MIGNON" THOMAS
GAME #2
GAME #3
Partender

046 카테고리 재료를 선택하라

칵테일 레시피는 대부분 비슷비슷하고 비율도 똑같은 게 많다. 여기서 증류주, 스위트너 등 재료 하나만 바꿔도 완전히 색다른 결과물이 탄생한다. 특히 사워sour 카테고리에서 이런 점이 더욱 두드러진다. 사워 칵테일은 기본적으로 세 가지 재료를 사용한다. 비율은 증류주 2, 시트러스 ¾, 스위트너 ¾이다. 이 비율을 기준으로 시트러스의 산미, 단미 시럽의 당도, 증류주의 종류에 따라 조금씩 조정한다. 마치 마법사처럼, 제대로 된 레시피 하나만 있어도 이를 바탕으로 16가지 이상의 음료를 만들 수 있다. 2장에서는 가장 인기 많은 레시피와 함께 이를 다른 비율로 변형한 버전도 소개할 예정이다(단맛을 줄여서 증류주의 풍미를 극대화한 레시피 등). 그러나 이는 어디까지나 가이드라인일 뿐, 자기 취향에 맞는 비율을 찾길 바란다.

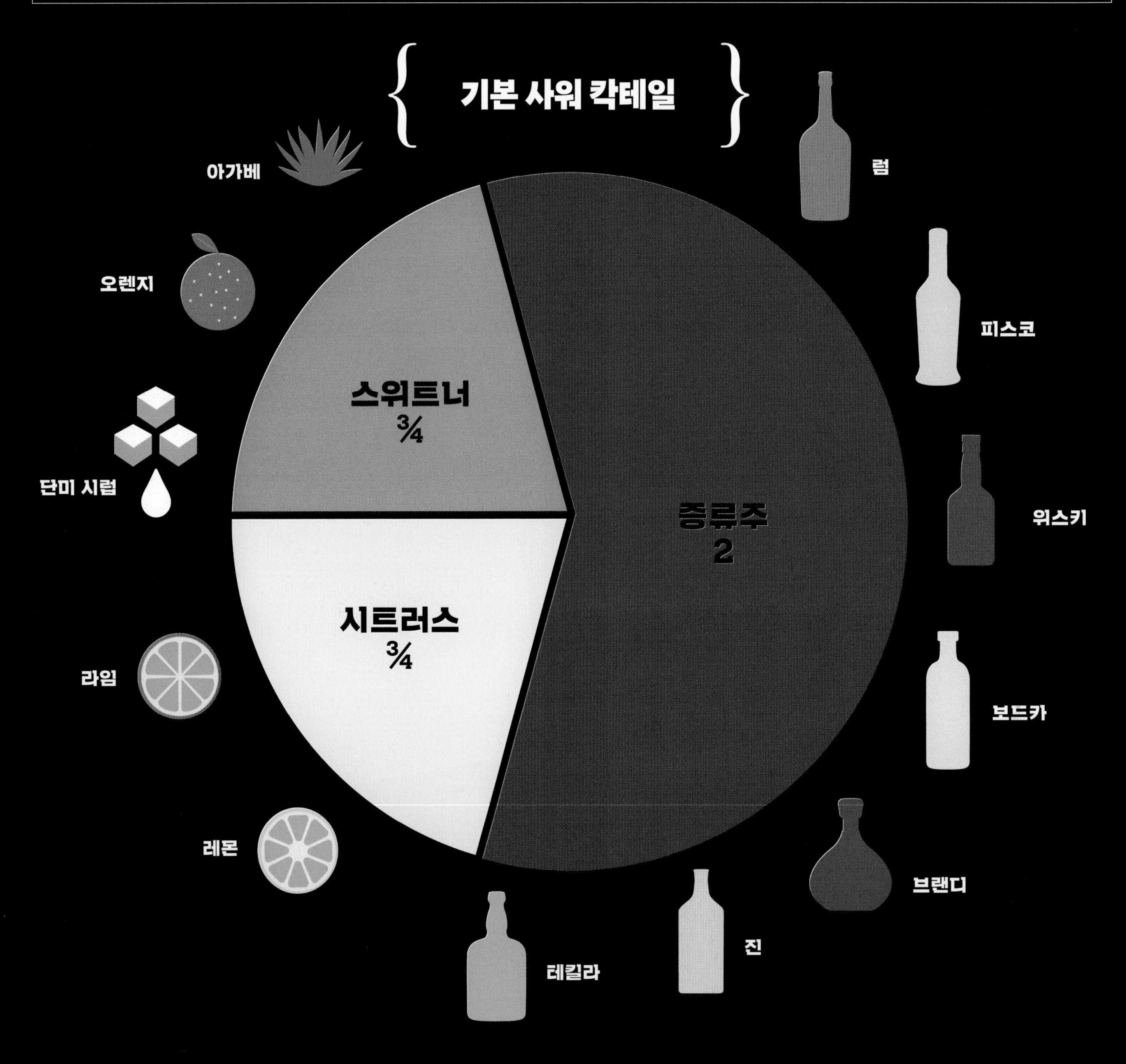

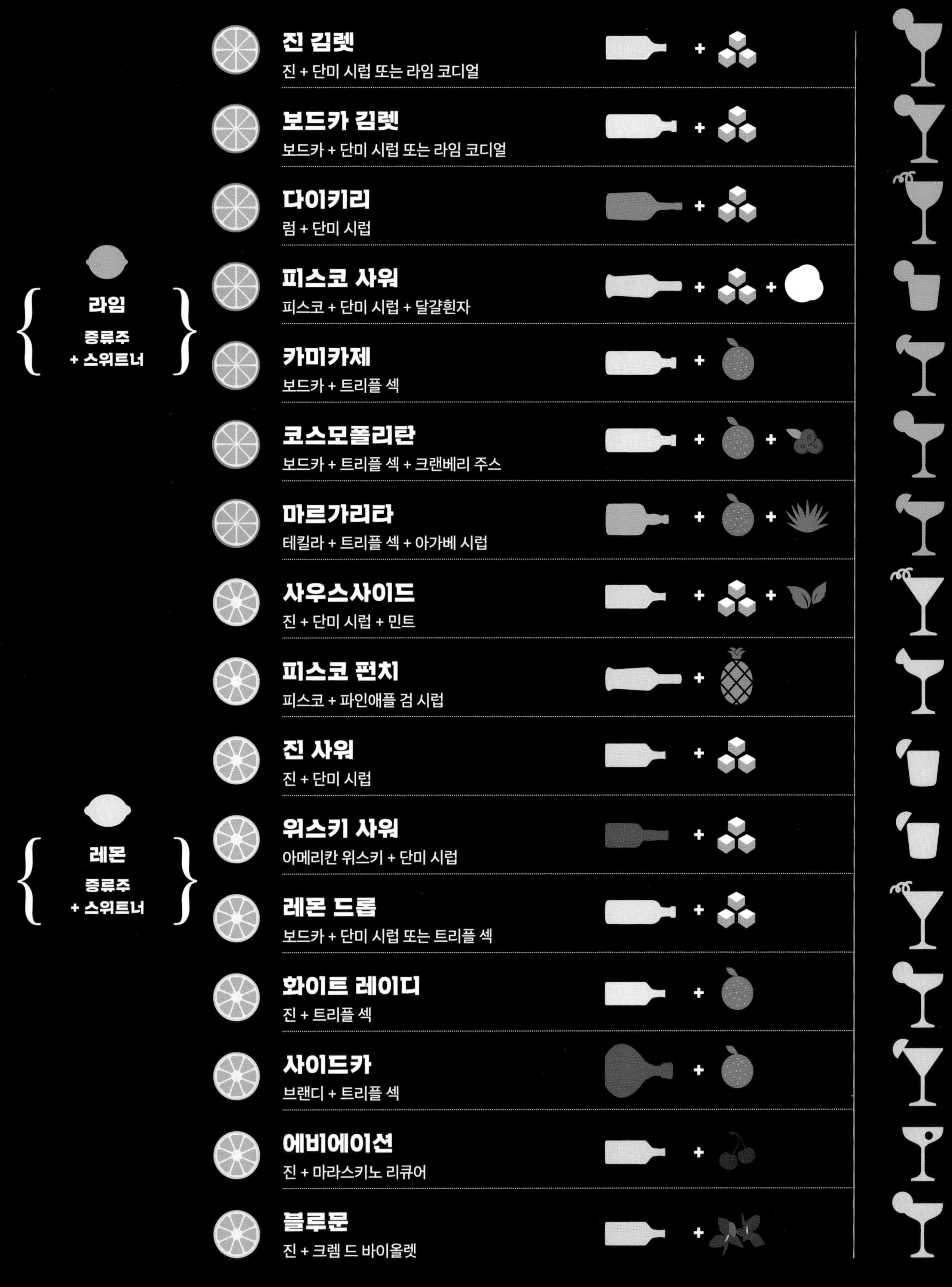
라임
증류주
+ 스위트너
레몬
증류주
+ 스위트너
진 김렛
진 + 단미 시럽 또는 라임 코디얼
보드카 김렛
보드카 + 단미 시럽 또는 라임 코디얼
다이키리
럼 + 단미 시럽
피스코 사워
피스코 + 단미 시럽 + 달걀흰자
카미카제
보드카 + 트리플 섹
코스모폴리탄
보드카 + 트리플 섹 + 크랜베리 주스
마르가리타
테킬라 + 트리플 섹 + 아가베 시럽
사우스사이드
진 + 단미 시럽 + 민트
피스코 펀치
피스코 + 파인애플 검 시럽
진 사워
진 + 단미 시럽
위스키 사워
아메리칸 위스키 + 단미 시럽
레몬 드롭
보드카 + 단미 시럽 또는 트리플 섹
화이트 레이디
진 + 트리플 섹
사이드카
브랜디 + 트리플 섹
에비에이션
진 + 마라스키노 리큐어
블루문
진 + 크렘 드 바이올렛

047  단미 시럽을 만들어보자

단미 시럽은 알코올 · 비알코올 음료에 단맛을 첨가하는 가장 쉬우면서도 다재다능한 재료다. 설탕이 물에 용해된 상태에서 아이스티나 커피에 훨씬 쉽게 섞이듯, 시럽도 칵테일 제조에 중요한 역할을 한다. 시럽을 만드는 레시피는 기본적으로 두 가지가 있다. 하나는 일반적인 단미 시럽 레시피로, 설탕과 물의 비율이 1 대 1이다. 다른 하나는 진한 단미 시럽 레시피로, 설탕과 물의 비율이 2 대 1이다.

단미 시럽 레시피

설탕:물=1:1

•➔ 가스레인지 활용법

작은 소스팬에 설탕과 물을 섞는다. 설탕이 완전히 용해될 때까지 저으면서 중불로 가열한다. 뚜껑을 덮고 식힌 다음 냉장실에 넣는다. 약 3주간 보관이 가능하다.

•➔ 밀폐용기 활용법

식품 보존용 유리병이나 밀폐용기에 설탕과 물을 넣는다. 잘 흔들어서 내용물을 섞은 다음 몇 분간 쉬었다가 다시 흔든다. 설탕이 완전히 용해될 때까지 이 과정을 반복한다.

진한 단미 시럽 레시피

설탕:물=2:1

•➔ 가스레인지 활용법

작은 소스팬에 설탕과 물을 섞는다. 설탕이 완전히 용해될 때까지 저으면서 중불로 가열한다. 뚜껑을 덮고 식힌 다음 냉장실에 넣는다. 약 6개월간 보관이 가능하다.

048

설탕 종류를 선택하라

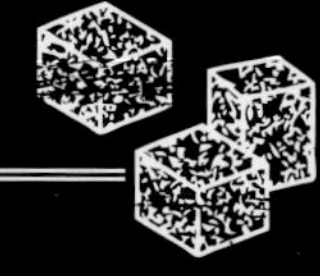

단미 시럽을 만들 때 설탕 종류에 따라 음료의 맛이 달라지기 때문에 현명한 선택이 필요하다.

•➔ 그래뉴당

표준적인 그래뉴당은 쓰임새가 가장 광범위하며, 칵테일의 당도를 조금씩 변형해도 풍미의 변화가 없다.

•➔ 비정제당

갈색을 띠는 비정제당은 당밀 풍미가 비교적 강하다. 당밀 풍미는 황금빛 갈색 설탕부터 원당(터비나도, 데메라라)으로 갈수록 강도가 짙어진다. 그리고 무스코바도(머스코바도), 필론시요, 재거리는 당밀 풍미가 가장 강하다.

•➔ 넥타

꿀이나 아가베 넥타도 단미 시럽을 만드는 데 사용할 수 있다. 꿀은 특히 가을 풍미와 뜨거운 음료에 잘 어울린다. 아가베는 설탕 섭취량에 주의해야 하는 이들에게 적합한 대체제다. 다만 사탕수수당보다 달기 때문에 용량을 적절히 조절해야 한다.

049 단미 시럽에 풍미를 더하라

단미 시럽의 가장 큰 장점은 흰 도화지처럼 좋아하는 허브나 향신료를 마음대로 첨가해 멋진 칵테일을 다양한 조합으로 만들 수 있다는 것이다. 이때는 단미 시럽 레시피를 적용해 설탕과 물의 비율을 1 대 1로 유지한다. 그리고 건더기는 취향에 따라 걸러낸 뒤 냉장실에 보관한다.

풍미	용량	첨가 시기	주의점
향신료 (시나몬, 정향)	설탕 1컵당 신선한 향신료 2테이블스푼	물, 설탕과 함께 첨가한다.	향신료 가루를 사용해도 되지만 (설탕 1컵당 약 1테이블스푼), 시럽의 식감이 까끌까끌할 수 있다.
바닐라	설탕 1컵당 바닐라빈 ½개	물, 설탕과 함께 첨가한다.	바닐라빈을 긁어내고 남은 꼬투리도 사용해도 된다.
차	설탕 1컵당 찻잎 1테이블스푼 또는 티백 2개	물, 설탕과 함께 첨가한다.	침전물이 남지 않도록 깔끔하게 걸러낸다.
말린 꽃잎 (라벤더, 히비스커스)	설탕 1컵당 1테이블스푼	물, 설탕과 함께 첨가한다.	침전물이 남지 않도록 깔끔하게 걸러낸다.
시트러스	설탕 1컵당 레몬 1개분 껍질, 오렌지 1개분 껍질, 라임 2개분 껍질 또는 큼직한 자몽 반 개분 껍질	시럽을 가열한 뒤 불을 끈 다음에 첨가한다.	냉장실에 보관하기 전에 껍질을 걸러내야 쓴맛이 배지 않는다.
생강	설탕 1컵당 생강 113g (껍질을 벗기지 않고 세척한 생강 슬라이스)	시럽을 가열한 뒤 불을 끈 다음에 첨가한다.	가열하지 않는 버전도 있는데, 재료들을 섞은 뒤 생강을 걸러낸다.
허브 (민트, 바질 등)	허브마다 용량이 다르지만 대체로 설탕 1컵당 허브잎은 ½컵/ 목질 허브(줄기 등 모두 포함)는 ¼컵	시럽을 가열한 뒤 불을 끈 다음에 첨가한다.	허브에 열을 가하면 채소 향처럼 변하기 때문에 시럽을 살짝 식혀서 허브를 첨가한다.

아가베 AGAVE

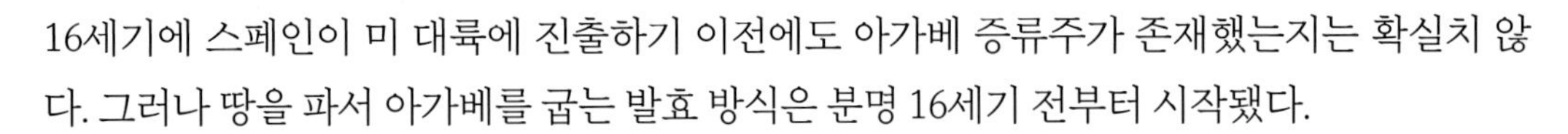

16세기에 스페인이 미 대륙에 진출하기 이전에도 아가베 증류주가 존재했는지는 확실치 않다. 그러나 땅을 파서 아가베를 굽는 발효 방식은 분명 16세기 전부터 시작됐다.

050

반전을 거듭한 아가베의 역사

아가베 당분을 발효할 수 있다는 사실은 어떻게 알게 됐을까? 전해 내려오는 이야기에 따르면, 아가베가 번개에 맞았는데 그 속에서 당분이 발견됐다고 한다. 정말 번개처럼 짜릿한 이야기 아닌가?

아가베는 섬유질과 다당류로 가득 차 있다. 아가베에 열을 가하면, 긴 사슬 형태로 저장돼 있던 에너지가 프럭토스(과당) 같은 당분으로 분해된다. 효모는 이 당분을 먹고 알코올로 변환시킨다.

당시 스페인 왕실은 멕시코 식민지 주민의 와인과 브랜디 생산을 금지했다. 스페인의 수출량 감소를 우려했기 때문이다. 대신 증류주를 권장했고, 17세기 초반에 최초의 테킬라 증류소가 할리스코에 등장했다. 테킬라는 19세기 말부터 수출되기 시작했지만, 메즈칼이나 기타 증류주는 국내용으로 머물렀다.

이때 할리우드식 결말이 펼쳐졌다(이 경우에는 '시작'이라는 단어가 더 어울리겠다). 금주법 시대에 아가베 증류주가 유명세를 타면서 멕시코 밖으로 수출되기 시작한 것이다. 멕시코에 파티를 즐기러 온 할리우드 엘리트 사이에서 아가베 증류주가 유행하기 시작했다.

2차 세계대전 이후, 마르가리타 열풍에 힘입어 아가베에 대한 수요가 폭증했다. 그러나 메즈칼과 기타 증류주가 산지를 벗어나 각광받기까지는 그후로도 60년이란 세월이 걸렸다. 그들의 운명에 건배!

051

아가베는 선인장일까

다들 아가베가 선인장의 일종이라고 생각하지만, 사실상 아스파라거스과(아스파라거스가 속한 현화식물군)에 속한다. 다행히 아스파라거스와 달리, 아가베 증류주는 아무리 마셔도 소변에서 이상한 냄새가 나지 않는다.

052 아가베 증류주는 이렇게 만든다

아가베가 주재료인 증류주는 몇몇만 제외하곤 대부분 비슷한 발효와 증류 과정을 거친다.

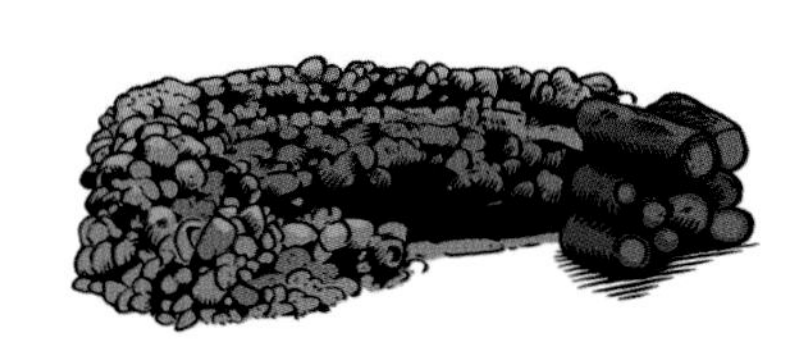

1단계

농장이나 야생에서 아가베를 수확한다. 바깥쪽의 날카로운 잎을 제거해서 파인애플(piña, 피냐)처럼 만든다.

2단계

피냐를 가열해서 익힌다. 테킬라용은 대형 오븐이나 고압솥으로 찐다. 반면 메즈칼이나 증류주용은 돌담으로 둘러싼 구덩이에 장작불을 피워서 구운 다음 며칠간 묻어둔다.

3단계

익힌 아가베를 현대식 제분기로 갈거나 '타호나'라 불리는 큼직한 돌 바퀴로 으깬다.

4단계

으깬 아가베를 물과 섞는다. 테킬라를 발효할 때는 고형물을 제거하지만, 다른 종류의 술을 만들 때는 고형물을 그대로 둬서 야생효모가 혼합물을 발효하게 한다. 그런 다음 단식 증류기에 두 번 증류한다.

053

테킬라의 종류를 살펴보자

보통 '아가베' 하면 자동적으로 테킬라가 떠오른다. 물론 테킬라는 훌륭한 술이지만, 아가베 증류주에 대해 좀 더 자세히 알아두면 좋다. 매력적인 아가베의 사촌들을 만나보자.

테킬라TEQUILA 가장 흔한 아가베 증류주다. 테킬라 웨버Tequila Webber라 불리는 블루 아가베로만 만든다. 모든 테킬라는 아가베 증류주 비중이 반드시 51% 이상이어야 한다. 그러나 최상품은 아가베 증류주 비중이 100%이며, 오직 할리스코, 미초아칸, 나야리트, 타마울리파스, 과나후아토에서만 생산된다. 테킬라는 블랑코(숙성하지 않거나 증류한 지 2개월 미만), 레포사도(최소 2개월에서 1년 미만 숙성), 아녜호(최소 1년에서 3년 미만 숙성), 엑스트라아녜호(최고 3년 숙성) 등이 있다. 멕시코에서는 보통 니트로 마시며, 체이서로는 상그리타를 준비한다. 상그리타는 과일과 고추로 만든 주스이며, 토마토를 넣기도 한다.

메즈칼MEZCAL 메즈칼을 만들 수 있는 아가베는 50여 종에 달하지만, 주로 에스파딘espadín이 사용된다. 대부분 메즈칼의 원산지가 오악사카라고 생각하지만, 이 밖에도 두랑고, 과나후아토, 게레로, 미초아칸, 산 루이스 포토시, 푸에블라, 타마울리파스, 사카테카스에서도 생산된다. 테킬라의 투박한 사촌 격인 메즈칼은 화덕에서 굽는 과정을 거치기 때문에 훈연 향이 나며, 허브와 과일 풍미가 진하다. 전통적으로 고춧가루와 소금을 뿌린 오렌지 웨지를 곁들여서 마신다.

바카노라BACANORA 소노라 북부에서 생산되며, 에스파딘 아가베를 사용한다. 메즈칼처럼 화로에서 굽는 과정을 거친다. 맛은 비교적 부드럽고, 소량만 생산된다. 바카노라는 1992년 전까지 불법이었으며, 과거에는 현지에서만 소비됐다.

라이시야RAICILLA 라이시야라는 이름은 '뿌리'를 뜻하는 단어 'raíz'에서 유래했다. 테킬라가 산업화되기 이전에 할리스코에서 증류주를 만들던 옛 방식에서 비롯됐다고 추정된다. 주로 막시밀리아나maximiliana 아가베와 이나에키덴스inaequidens 아가베로 만든다. 라이시야는 알코올 도수가 높은 밀주처럼 조심해서 마셔야 한다.

소톨SOTOL 치와와, 코아우일라, 두랑고에서 '디저트 스푼'이라 부르는 상록수(아가베와 같은 과)로 소톨을 만든다. 이 식물은 다 자라는데 약 15년이 소요되며, 한 포기로 대략 소톨 한 병을 만들 수 있다.

PART 2

칵테일 레시피와 테크닉

아마도 이 장을 가장 기대했을 것이다. 여기에는 클래식 칵테일 레시피는 물론, 미국 전역의 USBG 바텐더가 만든 현대식 레시피까지 모조리 담겨 있다. 마치 초콜릿 쿠키 속의 바닐라 크림처럼 즉각적인 만족감을 느낄 것이다.

그러나 완벽한 레시피를 제공하기보다는, 칵테일 제조법의 기본을 전수하려 한다. 하나의 황금비율로 여러 칵테일을 만드는 법, 기본 레시피에서 재료를 바꾸거나 침출법을 적용해 맞춤형 칵테일을 만드는 법, 최상의 맛을 끌어내는 기술 등을 말이다.

취향, 선호하는 증류주 브랜드, 믹싱 스타일 등은 칵테일을 만드는 데 영향을 미친다. 또한 원하는 결과를 얻으려면, 재료를 정확하게 계량하는 습관을 들여야 한다. 어쨌든 각자 취향은 조금씩 다르기 마련이다. 자신이 원하는 스타일 그대로 칵테일을 만들 수 있다는 점이 바로 홈 바텐딩의 묘미다.

054 라이트 & 스파클링 칵테일을 선택하라

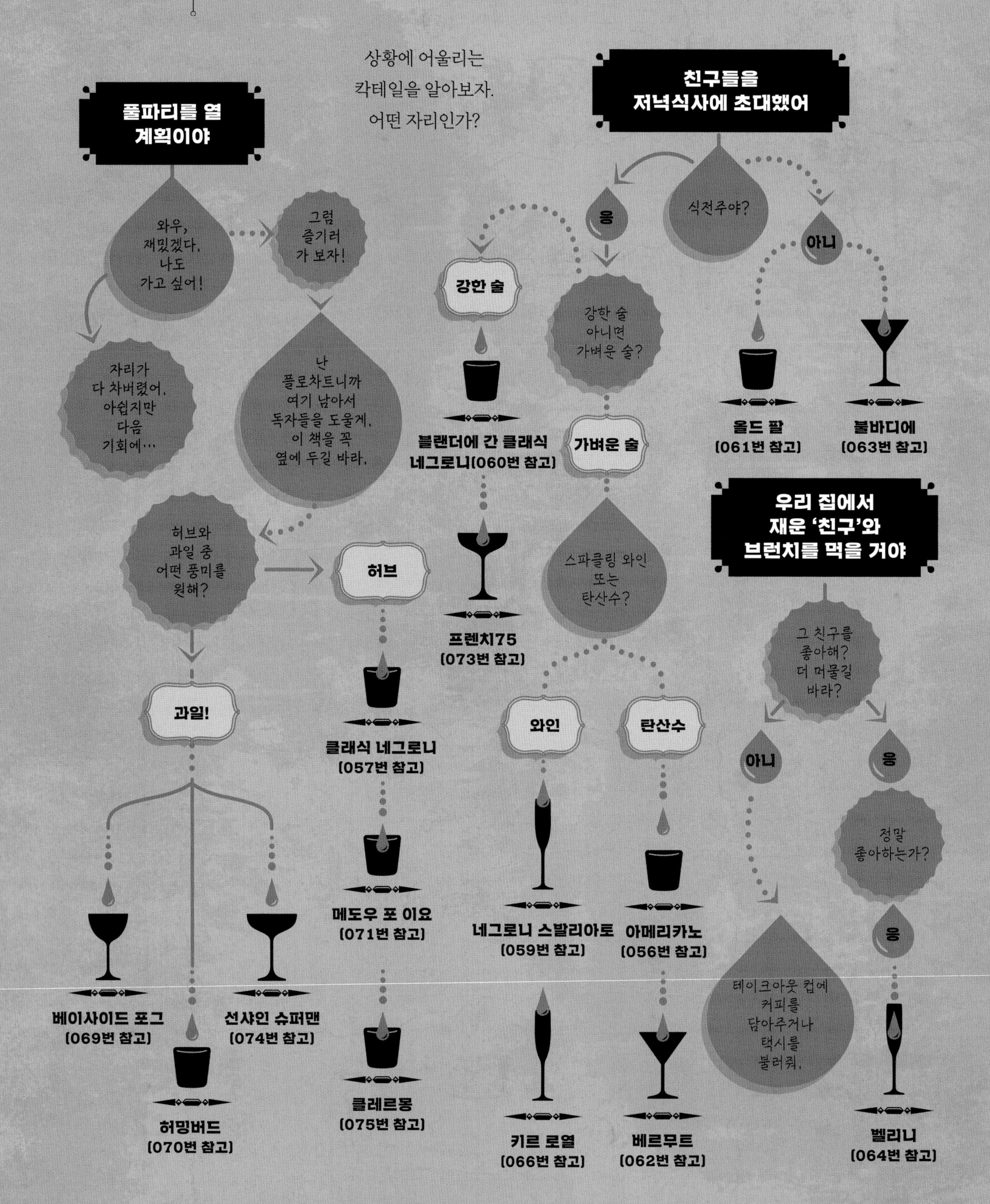

055

아페리티보를 즐겨보자

아페리티보 또는 아페리티프 칵테일을 처음 접하면, 익숙해지는 데까지 시간이 조금 필요하다. 약쑥 같은 쓴 허브, 용담 같은 뿌리, 기나피(기나나무 껍질)나 시트러스 껍질처럼 식욕을 자극한다고 알려진 재료를 넣기 때문이다.

056

커피 아닌, 아메리카노
THE AMERICANO

와인에 식물을 우려낸 베르무트와 쓴맛을 띠는 캄파리는 유럽에서 흔히 사용하는 식전주 재료로, 이 둘의 조합은 전혀 낯설지 않다. 한편 칵테일계에서는 아메리카노라는 이름에 대한 의견이 분분하다. 이탈리아어로 '쓴맛'을 뜻하는 단어 'amer'에서 유래했다고 주장하는 사람도 있고, 미국인(아메리칸)이 즐겨 마시던 음료라서 아메리카노라고 주장하는 이도 있다. 아무튼 아메리카노가 맛있다는 데는 모두가 동의한다.

스위트 베르무트	30㎖(1oz)
캄파리	30㎖(1oz)
셀처워터	44㎖(1½oz)
레몬 또는 오렌지 슬라이스	

➜ 얼음이 든 하이볼 잔에 베르무트, 캄파리, 셀처워터를 넣는다. 잘 섞은 다음 시트러스 슬라이스를 올려 장식한다.

057 클래식 네그로니 CLASSIC NEGRONI

이탈리아 피렌체의 카밀로 네그로니Camillo Negroni 백작이 아메리카노에 탄산수 대신 진을 넣으라고 바텐더에게 요청한 것이 클래식 네그로니의 탄생설이라고 알려져 있다. 각 재료의 비율이 동일한 만큼 레시피는 심플하지만 결과물은 걸작에 버금간다.

진	44㎖(1½oz)
스위트 베르무트	44㎖(1½oz)
캄파리	44㎖(1½oz)
오렌지 슬라이스	

➜ 얼음이 든 락 잔에 오렌지 슬라이스를 제외한 모든 재료를 넣는다. 잘 섞은 다음 오렌지 슬라이스를 올려 장식한다.

058 네그로니와 오렌지 트위스트

쿠프 잔이나 칵테일 잔에 어울리는 강력하고 세련된 네그로니를 원하는가? 그렇다면 클래식 네그로니와 동일한 레시피에서 오렌지 슬라이스를 오렌지 트위스트로 바꿔주기만 하면 된다. 얼음이 든 믹싱글라스에 오렌지 트위스트를 제외한 모든 재료를 넣고 20~30초간 저어서 차갑게 만든다. 차가운 유리잔에 칵테일을 걸러서 담고, 오렌지 트위스트를 올려 장식한다.

059 네그로니 스발리아토 NEGRONI SBAGLIATO

➜ 이탈리아어로 '틀린 네그로니'를 뜻하는 네그로니 스발리아토는 진을 스파클링 와인으로 대체한 라이트한 버전이다. 와인을 많이 마시는 자리에 식전주로 내놓거나 가볍게 마시고 싶은 날에 잘 어울린다.

USBG | 샌프란시스코 지부

✦ 존 커드 ✦

트래디션Tradition의 총지배인

060 블렌더에 간 클래식 네그로니

바텐더인 존 커드John Codd는 애초에 클래식 네그로니를 갈아서 획기적으로 만들겠다는 의도가 전혀 없었다. 그런데 기분 좋게 가볍고, 쓴맛은 덜하며, 시트러스 풍미가 진해진 놀라운 결과물이 탄생했다!
얼음을 포함한 클래식 네그로니(057번) 재료를 모조리 블렌더에 넣는다. 그리고 밝은 분홍색 슬러시처럼 변할 때까지 갈아준다.

061 올드 팔
OLD PAL

해리 맥켈혼Harry MacElhone은 스코틀랜드 출신으로 뉴욕에서 바텐더로 활동했다. 그러다 금주법 시대에 파리로 이주해 '해리스 뉴욕 바Harry's New York Bar'를 오픈했다. 맥켈혼은 직접 개발한 두 가지 네그로니 변형판으로 이름을 알렸다. 1922년에 출간한 저서 《칵테일 제조의 기초ABC of Mixing Cocktails》에 실린 올드 팔 레시피는 네그로니의 당도를 줄이고 숙성 증류주를 사용해서 풍미를 강화했다. 올드 팔은 약간의 변화로 칵테일이 얼마나 달라질 수 있는지 보여주는 대표적 예다.

라이 위스키 또는 하이라이 캐나다 위스키	44㎖(1½oz)
드라이 베르무트	44㎖(1½oz)
캄파리	44㎖(1½oz)

•➔ 얼음을 채운 믹싱글라스에 모든 재료를 넣고 20~30초간 저어서 차갑게 만든다. 그리고 스트레이너에 걸러서 차가운 유리잔에 담아낸다.

062 베르무트의 종류

드라이/프렌치

가볍고 경쾌한 허브 풍미를 가진 드라이 베르무트는 클래식 마티니를 만드는 필수 재료이며, 요리에도 잘 어울린다.

스위트/이탈리안

스위트 베르무트는 향신료 풍미가 지배적이다. 캐러멜 때문에 붉은 호박색을 띤다.

비앙코/블랑

허브 풍미의 드라이 베르무트보다 당도가 높으며, 강렬한 식물 풍미를 자랑한다.

063 불바디에
THE BOULEVARDIER

해리 맥켈혼의 두 번째 네그로니 변형판이다. 1927년에 출간한 저서 《단골과 칵테일(Barflies and Cocktails)》에 실린 불바디에 레시피는 오리지널 네그로니에 더 가깝다. 당시 미국은 금주법이 엄격했는데, 맥켈혼이 운 좋게도 버번위스키를 사용했는지 아니면 희망사항을 담은 레시피였는지는 확실치 않다.

버번위스키	44㎖(1½oz)
스위트 베르무트	44㎖(1½oz)
캄파리	44㎖(1½oz)

•➔ 얼음을 채운 믹싱글라스에 모든 재료를 넣고 20~30초간 저어서 차갑게 만든다. 그리고 스트레이너에 걸러서 차가운 유리잔에 담아낸다.

•➔ 참고: 베르무트와 캄파리의 양을 줄여서 위스키 본연의 풍미를 강조하고 싶은 사람도 있겠지만, 맥켈혼처럼 모든 재료를 같은 비율로 만들어도 충분히 훌륭하다.

064

벨리니
THE BELLINI

백도 퓨레와 스파클링 와인의 심플한 조합은 1940년대 이탈리아 베니스에서 탄생했다. 바텐더인 주세페 치프리아니Giuseppe Cipriani가 15세기 베니스 화가인 조반니 벨리니Giovanni Bellini의 작품과 칵테일 색이 닮았다고 해서 그의 이름을 붙였다.

복숭아 퓨레 (백도가 없으면 황도로 대체)	59㎖(2oz)
스파클링 와인	118㎖(4oz)

•➔ 플루트 잔에 퓨레를 넣은 다음 스파클링 와인을 붓는다. 바 스푼으로 신속하고 부드럽게 젓는다.

•➔ 참고: 생복숭아로 퓨레를 직접 만드는 경우, 단미 시럽과 레몬 주스로 당도와 새콤한 정도를 조절한다.

065 스파클링 와인 개봉법

칵테일에 스파클링 와인을 섞는 경우, 저렴하면서도 와인 자체만 마셔도 괜찮은 품질의 와인을 선택한다. 이탈리아 프로세코, 프랑스 크레망, 스페인 카바 그리고 평범한 스파클링 와인은 모두 괜찮다. 다만 되도록 드라이한 와인을 선택하자. 칵테일을 만들 때도 드라이 스파클링 와인을 쓰는 것이 좋다.

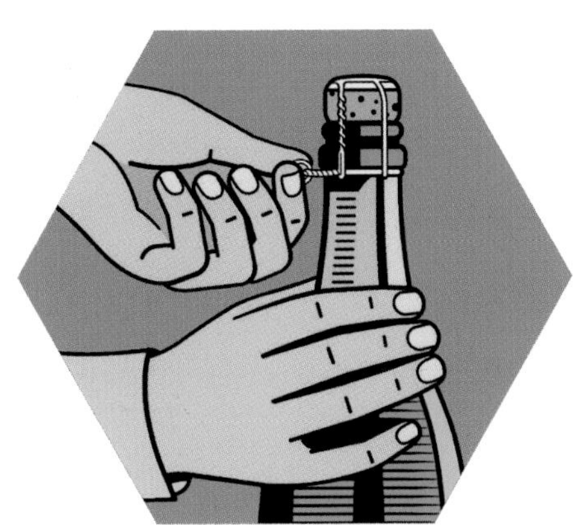

1단계 은박지를 벗긴다. 코르크가 천장이나 안전한 곳을 향하게 놓고, 손이나 엄지손가락으로 위쪽을 잡는다. 이 상태에서 꼬여 있는 철사 아래쪽을 풀어서 벗겨낸다.

2단계 키친타월이나 냅킨으로 코르크를 감싸고, 한 손으로 코르크를 잡는다. 나머지 손으로 병을 부드럽게 돌린다. 그러면 코르크가 슬슬 올라오는 게 느껴지다가, '펑' 소리가 기분 좋게 울려 퍼진다.

3단계 와인을 잔에 따른다. 이때 타월이나 냅킨을 옆에 두고, 떨어지는 와인을 닦아낸다. 이제 잔을 들고 건배를 한다.

066 키르 로열
KIR ROYALE

키르 로열에는 전통적으로 크렘 드 카시스(커런트 리큐어)가 들어가지만, 집에 있는 다른 과일 리큐어를 활용해서 다양하게 즐겨보자.

크렘 드 카시스	5㎖(½oz)
스파클링 와인	148㎖(5oz)

플루트 잔에 크렘 드 카시스를 넣고, 스파클링 와인을 붓는다. 바 스푼으로 부드럽고 빠르게 젓는다.

067 마이티 미모사
THE MIGHTY MIMOSA

오렌지 주스 대신 시트러스 주스를 사용해도 된다. 달콤한 시트러스 종류면 모두 괜찮다. 블러드 오렌지 미모사를 만들 수 있는데, 누가 브런치에 블러디 메리를 마시겠는가?

오렌지 주스	59㎖(2oz)
스파클링 와인	118㎖(4oz)

플루트 잔에 주스를 붓고, 그 위에 스파클링 와인을 붓는다.

068 스프리츠
THE SPRITZ

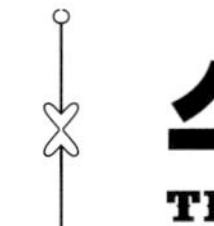

거품과 쓴맛을 겸비한 스프리츠는 독일어로 '탄산'과 '(물방울 따위를) 튀기다'라는 뜻이다. 스프리츠는 전통적으로 스파클링 와인, 비터스 리큐어, 소다수의 조합으로 만든다. 이 조합은 1800년대 이탈리아 베네토주에서 생겨났다고 알려져 있다. 당시 이곳에 거주하던 외국인들이 독한 현지 와인을 물에 희석해 마셨다고 한다.

069

베이사이드 포그
BAYSIDE FOG

베이사이드 포그는 오리건주 연안의 안개 낀 습지에서 자라는 현지 크랜베리에 대한 오마주로 탄생했다. 향긋한 흑후추와 비슷한 롱페퍼(필발) 풍미가 도드라지는데, 롱페퍼는 바텐더인 케이트 볼턴Kate Bolton이 가장 좋아하는 향이다.

아페롤 44㎖(1½oz)
(또는 기타 아페리티보용 리큐어)
크랜베리 리큐어 15㎖(½oz)
(클리어 크리크 추천)
롱페퍼 팅크제 2티스푼
(035번 참고, 곱게 간 롱페퍼 가루 25g 사용)
셀처워터 89㎖(3oz)
오렌지 트위스트

•➔ 와인 잔에 아페롤, 크랜베리 리큐어, 팅크제를 넣는다. 그 위에 셀처워터를 붓고, 바스푼으로 빠르고 부드럽게 젓는다. 마지막으로 오렌지 트위스트를 올려 장식한다.

070  허밍버드

THE HUMMINGBIRD

벌새(허밍버드) 모이로 쓰던 선홍색 넥타를 보고 붙여진 이름이다. 비터스와 소다를 활용해 만든 칵테일로, 바닐라와 커피 풍미가 특징이다. 카펠레티는 다른 이탈리아 아페리티보에 비해 쓴맛이 덜해서, 실패 없이 우아한 칵테일을 만들 수 있다

카펠레티 아페리티보	44㎖(1½oz)
바닐라 엑스트랙트	1티스푼
커피 팅크제(035번 참고, 커피원두 : 액체 = 1 : 2)	1티스푼
셀처워터	89㎖(3oz)
레몬 롱 트위스트(256번 참고, 채널 나이프 사용)	

➜ 락 잔이나 올드 패션드 잔에 카펠레티, 바닐라, 팅크제를 넣는다. 그 위에 셀처워터를 붓고, 바 스푼으로 빠르고 부드럽게 젓는다. 마지막으로 레몬 트위스트를 올려 장식한다.

071 { 메도우 포 이요 }

A MEADOW FOR EEYORE

메도우 포 이요에서 풍기는 허브, 카모마일, 꿀 풍미는 아름다운 목초지(메도우)를 연상케 한다. 곰돌이 푸의 당나귀 친구 이요의 시무룩한 표정마저 환히 밝혀줄 것처럼 아름답게 느껴진다.

임뷰 페틀 & 손 베르무트Imbue Petal & Thorn vermouth	44㎖(1½oz)
꿀 시럽(1:1)	15㎖(½oz)
카모마일 팅크제(035번 참고, 말린 카모마일 꽃잎 25g 사용)	1티스푼
토닉워터	89㎖(3oz)
라임 휠	
제철 식용 꽃 또는 꽃허브 가지	

➜ 락 잔이나 올드 패션드 잔에 베르무트, 꿀 시럽, 팅크제를 넣는다. 그 위에 토닉워터를 붓고, 바 스푼으로 빠르고 부드럽게 젓는다. 마지막으로 라임 휠을 올리고, 식용 꽃 또는 꽃허브 가지로 꾸민다.

USBG | 마이애미 지부

✦ 마르린 투미노 ✦

바 매니저 | 아트 바Art Bar

072

아나란하디토
ANARANJADITO

아르헨티나의 콜로나디토(스페인어로 '붉은'이란 뜻)를 기반으로 만든 음료이며, 이름은 '주황색'이란 뜻이다. 아메리카노와 비슷한데, 드라이 베르무트는 그대로 들어가고 셀처워터는 빠진다. 아나란하디토의 독특한 색은 라이트한 아페리티보(아페롤 등)에서 나온다. 주로 아르헨티나 모둠 요리인 피카다(절인 고기, 치즈, 올리브 등)에 곁들여 마신다.

드라이 베르무트	59㎖(2oz)
아페리티보(아페롤 등)	30㎖(1oz)
레몬 슬라이스	1조각
레몬 껍질	

•➧ 칵테일 셰이커에 베르무트, 아페리티보, 레몬을 넣는다. 셰이커를 8~10초간 세차게 흔들고, 락 잔이나 올드 패션드 잔에 붓는다. 그리고 레몬 껍질을 음료에 대고 비틀어 짠 다음 음료에 넣는다.

USBG | 올랜드 지부

폴 존슨 ✦ USBG 남부권역 부회장

073 프렌치75
FRENCH 75

1차 세계대전 때 만들어진 이 우아한 칵테일은 프랑스 75㎜ 포탄처럼 강력하다.

진	44㎖(1½oz)
레몬 주스	15㎖(½oz)
단미 시럽(1:1)	15㎖(½oz)
시트러스 비터스(비터멘스 보스턴 비터스Bittermens Boston Bittahs 추천)	3대시
레몬 껍질	2개
브뤼 스파클링 와인	

•➧ 칵테일 셰이커에 진, 레몬 주스, 단미 시럽, 비터스, 레몬 껍질 1개, 얼음을 넣는다. 그리고 8~10초간 세차게 흔든 뒤, 스트레이너에 걸러서 차가운 쿠프 잔이나 플루트 잔에 따른다. 그 위에 스파클링 와인을 붓는다. 남은 레몬 껍질을 음료에 대고 비틀어 짠 뒤, 껍질을 음료에 올려 장식한다.

USBG | 덴버 지부

맷 카원 ✦ 칵테일 큐레이터 | 라 쿠르La Cour

074

선샤인 슈퍼맨
SUNSHINE SUPERMAN

유리잔에 따스한 햇살 같은 이 칵테일은 여름철 바비큐 파티에 완벽하게 어울린다. 어쩌면 시리도록 추운 겨울날, 선샤인 슈퍼맨을 목구멍으로 넘기는 순간 속이 뜨끈해지면서 지난여름이 떠오를 것이다.

메즈칼 또는 진(취향에 따라 선택)	30㎖(1oz)
레몬 주스	15㎖(½oz)
아페리티보(아페롤 등)	15㎖(½oz)
지파드 자몽Giffard pamplemousse 리큐어	15㎖(½oz)
프로세코 스파클링 와인	30㎖(1oz)
자몽 껍질	

•➧ 셰이커에 증류주, 레몬 주스, 아페리티보, 리큐어, 얼음을 넣는다. 그리고 8~10초간 흔든 뒤, 스트레이너에 걸러서 차가운 쿠프 잔이나 플루트 잔에 따른다. 그 위에 스파클링 와인을 붓는다. 마지막으로 자몽 껍질을 음료에 대고 비틀어 짠 뒤, 껍질을 음료에 넣는다.

USBG | 채터누가 지부

✦ 알렉산드리아 점프 ✦

바 매니저 | 이지 비스트로 & 바Easy Bistro & Bar

075

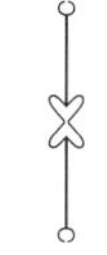

클레르몽
CLERMONT

자글자글한 거품, 달콤 쌉쌀함, 채소 풍미가 일품인 클레르몽은 오후를 맞이하며 한잔 기울이기 좋은 칵테일이다. 루바브를 우린 베르무트는 칵테일에 톡 쏘는 풍미를 선사한다.

루바브를 우린 드라이 베르무트* 44㎖(1½oz)
시나르Cynar(아티초크 아마로 리큐어) 22㎖(¾oz)
로제 아페리티프 와인 22㎖(¾oz)
(코키 아메리카노 로사 Cocchi Americano Rosa 제품 추천)
브뤼 스파클링 와인
생루바브 줄기

* **베르무트에 루바브 침출하기** 큰 병에 드라이 베르무트 375㎖를 붓고, 루바브 줄기 1½개를 대충 썰어서 추가한다. 냉장실에 3일간 놓아두고 우린다. 3일 뒤 건더기를 걸러내고, 액체는 냉장실에 보관한다.

➜ 올드 패션드 잔이나 락 잔에 얼음, 베르무트, 시나르, 로제 와인을 넣는다. 그 위에 스파클링 와인을 붓고, 부드럽게 젓는다. 루바브 줄기를 채소필러로 길고 얇게 썰어 장식용으로 올린다.

076 증류주 베이스 칵테일을 선택하라

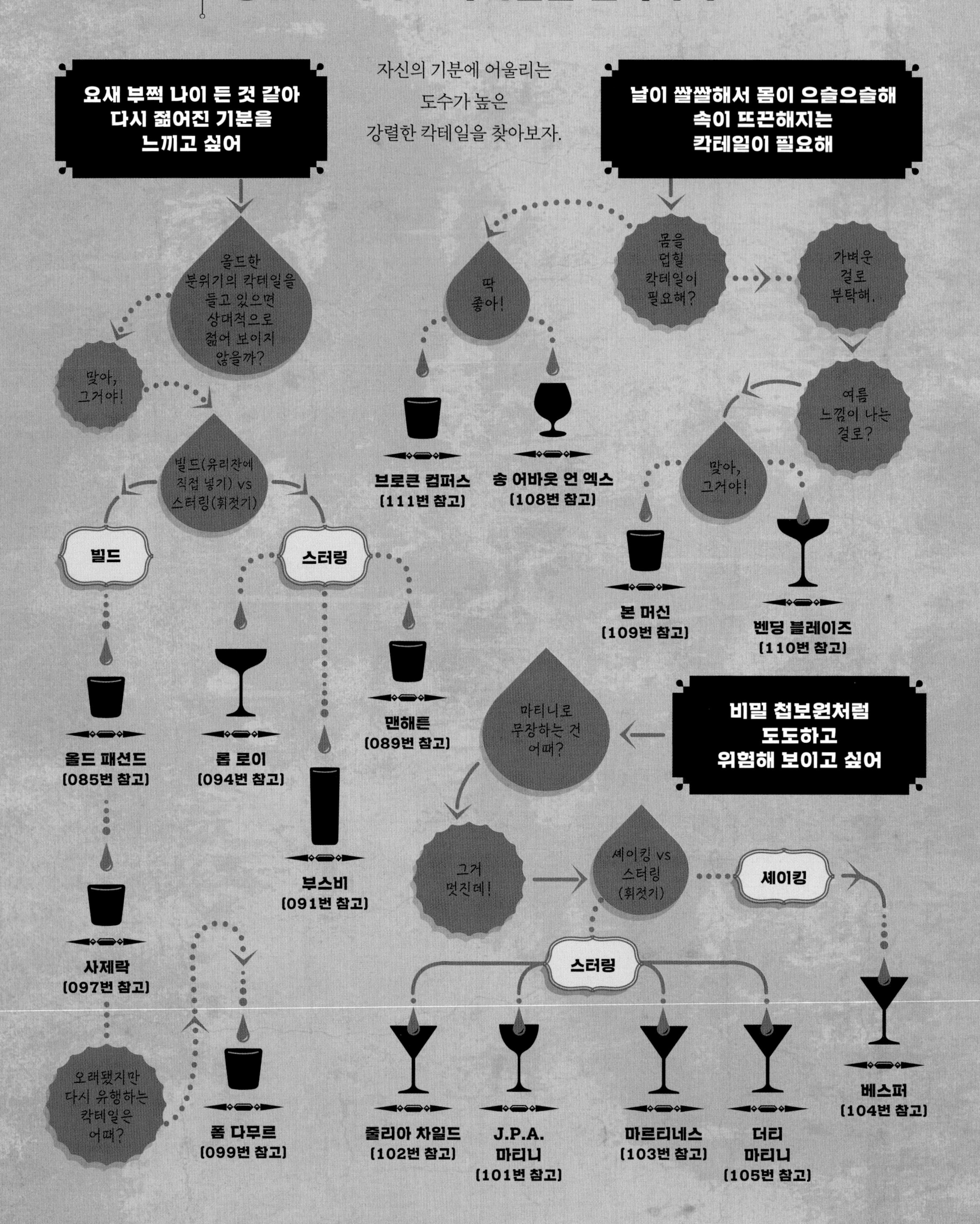

POT DISTILLED
STYLE
produced from
2 years 6 months
barrels

077 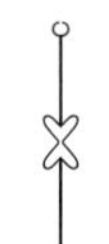 믹싱글라스를 이용하라

독하고 어두운 칵테일은 셰이커에 넣고 흔드는 것보다 믹싱글라스에 담아 스푼으로 부드럽게 젓는 것이 가장 좋다. 푸어러는 작지만 상당히 유용하며, 스트레이너는 믹싱글라스 크기에 맞는지 확인한다. 비커가 보기에도 매력적이고 견고해서 좋다는 사람도 있지만, 파인트 글라스나 유리 계량컵으로도 충분하다. 손님이 계량컵을 보고 감탄할 리는 없지만, 차가운 칵테일 한잔이면 백전백승이다.

078 가지각색 바 스푼

바 스푼은 스타일이 가지각색이다. 장식이 달린 스푼도 있고, 손잡이가 가니시 포크나 머들러로 된 제품도 있다. 스푼 부분이 아예 없고 양쪽 끝이 둥글게 처리된 제품도 있다. 바 스푼에 스푼 부분이 없다니 불량 제품처럼 보이지만, 사실상 스푼 부분 자체는 음료를 젓는 데 딱히 도움이 되지 않는다. 얼음이 깨지지 않게 저을 수만 있으면 된다. 특히 핌스컵(171번 참고)처럼 유리잔에 원료를 바로 붓는 경우, 스푼 부분이 없는 제품이 음료를 젓기 훨씬 편하다.

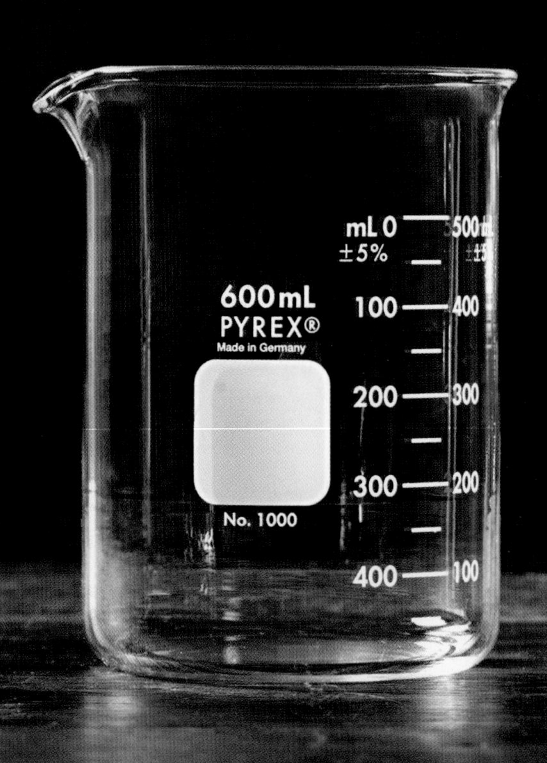

079

휘젓는 묘미 스터링

스터링 기법은 잔에 술과 얼음을 넣고 젓기만 하면 된다. 스터링 기법이 첨단 기술은 아니지만, 몇 가지만 주의하면 훨씬 좋은 음료를 만들 수 있다.

얼음 다량의 큐브 얼음을 통째로 사용한다.

시간 20~30초간 충분히 길게 젓는다 (생각보다 길게 느껴진다).

침착 스푼, 얼음, 칵테일이 한 몸처럼 움직이도록 고요하고 잠잠하게 저어야 한다. 홱홱 휘젓거나 얼음이 부딪히는 소리가 나면, 잠시 멈추고 숨을 깊게 들이쉰 뒤 다시 젓기를 시도한다.

080

쪼갠 얼음을 추가하라

스터링 칵테일은 비교적 독한 편이라서 희석과는 상관없어 보인다. 그러나 칵테일을 만드는 데 물은 어느 정도 중요한 역할을 한다. 특히 알코올 도수가 높은 칵테일의 경우, 물로 희석하는 작업은 균형을 잡는 데 매우 중요하다. 따라서 칵테일이 너무 독하다면, 쪼갠 얼음을 추가해보자. 손바닥에 큐브 얼음을 올리고, 바 스푼의 뒷면으로 얼음을 누르면 작게 부서진다. 일반 얼음과 쪼갠 얼음을 함께 넣으면, 적당히 부드러워진 칵테일을 즐길 수 있다.

진 GIN

진으로 분류되려면, 증류주에 주니퍼베리 향을 첨가해야 한다. 일반적으로 중성 곡류 증류액(보드카)으로 만들며, 시트러스, 향신료, 허브 등 다양한 식물을 넣고 증류한다. 사실상 주니퍼베리 향을 첨가한 보드카를 진으로 간주하는 바텐더도 있다.

081

파란만장한 진의 역사

진의 역사는 파란만장하면서도 때론 불미스러운 배경을 가졌으며, 수많은 나라와 시대가 얽히고설켜 있다.

천 년 전에 이탈리아 수도승들이 술에 주니퍼베리를 첨가했다는 설도 있지만, 16세기 네덜란드에서 제네버genever라는 술을 증류했다는 것이 정설이다. 실제로 '술김에 내는 용기Dutch courage'라는 표현은 1500년대 네덜란드 독립전쟁 당시 영국군이 제네버를 한 모금 마셨더니 두려움이 사라졌다는 데서 유래했다.

시간이 흐르면서 네덜란드에서는 천연 이뇨제인 주니퍼베리가 들어간 진이 의약품처럼 사용되기 시작했다. 17세기 말, 영국에서는 오렌지 공 윌리엄 3세가 왕위에 오르면서 진의 인기가 높아졌다.

그로부터 100년간 영국에서 진의 인기는 흥망성쇠를 거듭했다. 18세기에는 정부가 무면허 진의 생산을 허가하면서 '진 광풍'이 일었다. 그러다 '진 금지령'이 내려졌는데, 이 때문에 싸구려 진(Mother's ruin, 모성의 몰락)이 성행하기도 했다.

19세기에 접어들어 연속식 증류기가 개발되면서 런던 드라이 진과 같은 현대식 진이 등장하며 사랑받기 시작했다.

082

주니퍼베리의 갈가지 쓰임새

17세기, 사람들은 노간주나무(주니퍼)에 달린 작은 열매에 약효가 있다고 여겼다. 그래서 관절, 위, 신장, 간 질환에 주니퍼베리를 처방했다. 오늘날 주니퍼베리는 진 특유의 풍미로 널리 알려져 있다.

083

토닉워터의 역사를 엿보자

영국이 열대지역 식민지를 점령하는 데 중추적 역할을 했던 것은 해군이 아니라 바로 진토닉이었다. 열대지역에는 말라리아가 기승을 부렸다. 페루산 기나피 가루에 말라리아를 예방하는 퀴닌 성분이 함유돼 있었지만, 물에 섞어서 마시기엔 너무 쓰고 진흙을 씹는 듯했다. 이에 대한 해결책으로 영국 식민지 주민들은 기나피 가루를 진에 섞어 마셨다. 이보다 효과적인 말라리아 치료제가 개발된 이후에도 토닉워터의 인기는 그대로였다. 이후 퀴닌 함량을 줄이고 청량감을 높인 음료가 출시되면서 치료제보다는 맛으로 사랑받고 있다.

084

가장 일반적인 진의 종류

진은 여러 버전으로 출시된다. 그중 가장 흔히 접할 수 있는 스타일을 살펴보자.

제네버GENEVER 네덜란드에서 최초로 만든 오리지널 스타일의 진으로 알려져 있다. 몰트 와인으로 단맛을 가미해서 위스키와 맥주 중간의 풍미를 띤다. 네덜란드에서는 전통적으로 쿱스토지koopstojie('박치기'라는 뜻)라는 튤립 모양의 작은 유리잔에 담아 마시는데, 이때 잔을 살짝만 움직여도 음료가 넘쳐흐를 정도로 가득 붓는다. 그래서 머리를 박치기하듯 숙여서 적당히 후루룩 마신 뒤에야 잔을 들고 마저 비울 수 있다.

런던 드라이LONDON DRY 가장 흔한 타입의 진이다. 보통 진이라고 하면, 가장 먼저 떠오르는 술이 바로 런던 드라이다(대학 시절 밤새 진탕 마시고 다음 날 숙취로 고생하던 아침이 가장 먼저 떠오를 수도 있겠지만 말이다). 깔끔하고 단맛이 없는 드라이 증류주로, 채소, 향신료, 꽃 등의 풍미가 광범위하지만, 베이스는 언제나 주니퍼베리다. 런던 외에도 전 세계에서 런던 드라이를 만들 수 있으며, 진 종류 중 가장 용도가 다양하다. 특이하게도 런던 드라이를 단독으로 마시는 경우는 거의 없다.

올드 톰OLD TOM 제네버보다 조금 더 드라이하며, 런던 드라이보다 조금 더 스위트한 스타일이다.

슬로 진SLOE GIN 사실상 리큐어로, 진에 슬로베리(자두의 일종)를 우려서 만든다. 슬로베리나무에는 가시가 돋아 있어서 유럽에서는 이것을 가축의 이동을 막는 덤불 울타리로 사용한다. 진에 슬로베리 풍미가 충분히 우러나면, 조금 쓰고 시큼한 슬로베리는 걸러내고 당분을 첨가한다. 슬로 진은 식후 코디얼로 단독으로 마시지도 하지만, 주로 슬로 진 피즈 칵테일로 만들어서 마신다.

모던MODERN 최근 수제 칵테일 열풍과 함께 주니퍼베리 풍미를 줄인 새로운 스타일의 진이 등장했다. 향신료, 시트러스 또는 허브 중심의 모던 스타일은 향을 첨가한 보드카와 런던 드라이 사이에 위치한다. 그만큼 풍미의 영역이 상당히 광범위하지만, 기본적으로 토닉과 잘 어울리고 마티니에 사용하기에 적합하도록 만들어졌다.

085

올드 패션드
OLD FASHIONED

올드 패션드는 칵테일계의 '미스터 포테이토 헤드'다. 가장 오래되고 간단한 칵테일이라는 뜻이다. 유리잔, 술, 스위트너, 비터스 말고는 아무것도 필요 없다. 레시피는 하나의 템플릿과 같아서, 구성요소를 마음껏 바꿔도 상관없다. 미스터 포테이토 헤드처럼 눈구멍에 귀를 끼워 넣어도 괜찮다. 오히려 더 재밌는 음료가 탄생할 수 있다.

각설탕 1개
(또는 그래뉴당 ¾티스푼 또는 진한 단미 시럽 1티스푼)
비터스(앙고스투라 추천) 2대시
물 약간
위스키 59㎖(2oz)
레몬 껍질

올드 패션드 잔이나 락 잔에 각설탕을 넣는다. 그리고 비터스와 물을 추가해 각설탕을 촉촉하게 적신 다음 머들러로 각설탕을 으깨서 최대한 녹인다. 여기에 큼직한 얼음 큐브 한 덩이와 위스키를 넣고, 바 스푼으로 젓는다. 레몬 껍질을 음료에 대고 비틀어 짠 뒤, 껍질을 음료에 넣는다.

086 머들드 올드 패션드
THE MUDDLED OLD FASHIONED

수제 칵테일 열풍과 함께 바텐더들이 과거 레시피를 탐구하기 전까지는, 오렌지와 체리를 넣는 방식이 가장 표준적인 올드 패션드 레시피였다. 현재까지도 많은 바에서 이 레시피를 고수하고 있다.

각설탕	1개(약 ¾티스푼)
소다수	
비터스(앙고스투라 추천)	2대시
오렌지 슬라이스	2조각
칵테일 체리	2개
라이 또는 버번 위스키	59㎖(2oz)

➜ 올드 패션드 잔에 각설탕을 넣고, 비터스와 소다수를 넣어 각설탕을 충분히 적신다. 여기에 오렌지 슬라이스 1조각과 칵테일 체리 1개를 추가하고, 머들러로 으깨서 각설탕을 녹인다. 얼음 집게나 바 스푼으로 오렌지 껍질을 제거한다. 그리고 큼직한 얼음 큐브 한 덩이와 위스키를 넣고, 바 스푼으로 젓는다. 그 위에 소다수를 붓고, 남은 오렌지 슬라이스와 칵테일 체리를 칵테일픽에 꽂아서 장식한다.

USBG | 샌프란시스코 지부

✦ 케빈 디드리히 ✦

오퍼레이팅 매니저 | 퍼시픽 칵테일 헤븐Pacific Cocktail Haven

087 켄터키 커넥션
THE KENTUCKY CONNECTION

케빈 디드리히는 기본 풍미를 살짝 변형해서 엄청나게 강렬한 하우스 올드 패션드를 개발했다. 그의 버전은 브랜디, 위스키 그리고 세 종류의 비터스를 섞는다. 먼저 코냑 30㎖(1oz), 위스키 30㎖(1oz), 데메라라로 만든 진한 단미 시럽(2:1) 1티스푼, 앙고스투라 비터스 2대시, 시트러스 비터스(오렌지 비터스와 레몬 비터스를 2:1의 비율로 섞음) 2대시를 넣는다. 여기에 얼음을 넣고 젓는다. 그리고 오렌지와 레몬 트위스트로 장식한다. 코냑은 버번의 시트러스 향을 보완하고, 버번의 오크 풍미는 코냑의 과일 케이크 풍미를 끌어내는 역할을 한다.

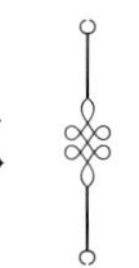

088 위스콘신 올드 패션드
THE WISCONSIN OLD FASHIONED

올드 패션드가 꾸준히 사랑받는 위스콘신에서는 네 가지 버전의 올드 패션드가 존재한다. 레몬 & 라임 소다를 넣은 스위트 버전, 사워믹스나 자몽 소다를 넣은 신맛 버전, 셀처 버전 그리고 레몬 & 라임 소다와 셀처를 섞은 프레스 버전이다. 가니시 또한 흔한 오렌지와 체리부터 채소 피클까지 다양하게 활용된다.

각설탕	1개(약 ¾티스푼)
비터스(앙고스투라 추천)	2대시
셀처워터, 레몬 & 라임 소다, 사워믹스 또는 자몽 소다	
오렌지 슬라이스	2조각
칵테일 체리	2개
캘리포니아 브랜디(위스콘신에서는 기본적으로 코벨Korbel 사용) 또는 코냑	59㎖(2oz)

➜ 올드 패션드 잔에 각설탕을 넣는다. 그리고 비터스와 셀처워터(또는 소다수)를 넣어서 설탕을 충분히 적신다. 여기에 오렌지 슬라이스 1조각과 칵테일 체리 1개를 추가하고 머들러로 으깨서 각설탕을 녹인다. 그런 다음 브랜디를 넣고 빠르게 저은 뒤, 큼직한 얼음 큐브 한 덩어리를 넣는다. 그 위에 네 가지 버전 중 하나를 선택해서 붓는다. 마지막으로 남은 오렌지 슬라이스와 칵테일 체리를 칵테일픽에 꽂아서 장식한다.

089 { 맨해튼 MANHATTAN }

맨해튼 칵테일의 기원에 대해 논란이 분분하지만, 대략 1860년대에 처음 개발된 것으로 알려져 있다. 맨해튼은 원래 라이 위스키(우리가 선호하는 방식)로 만들지만, 종종 버번이나 캐나다 위스키를 사용하기도 한다. 캐나다 위스키는 금주법 시대에 몰래 사용하던 불법 증류주였는데, 이 관행은 금주법이 철회된 뒤에도 오랫동안 지속됐다.

라이 위스키	59㎖(2oz)
이탈리안(스위트) 베르무트	30㎖(1oz)
앙고스투라 비터스	2대시
체리	

→ 얼음을 채운 믹싱글라스에 체리를 제외한 모든 재료를 넣는다. 그리고 충분히 차가워질 때까지 20~30초간 젓는다. 그런 다음 스트레이너에 걸러서 차가운 쿠프 잔이나 칵테일 잔에 따른다. 마지막으로 체리 여러 개를 칵테일픽에 꽂아서 장식한다.

090 완벽한 맨해튼을 만들려면

스위트 베르무트와 드라이 베르무트를 동률로 섞으면, 완벽한 맨해튼을 만들 수 있다. 보통 '완벽'이라는 표현은 두 타입의 베르무트가 동시에 들어가는 레시피에 주로 사용된다. 그렇지만 '완벽하다'는 표현은 다소 주관적이다. 실제로 두 타입의 베르무트를 섞으면, 중심적 풍미가 허브와 향신료 쪽으로 기울고, 베르무트에 따라 때론 짭짤한 맛까지 나기 때문이다. 맨해튼을 더욱 완벽에 가깝게 만들고 싶다면, 체리 대신 레몬 트위스트를 사용해보자.

USBG | 샌프란시스코 지부

✦ H. 조셉 어먼 ✦

오너 겸 운영자 | 엘릭시르 살룬Elixir Saloon

091

부스비 THE BOOTHBY

바텐더인 H. 조셉 어먼H. Joseph Ehrmann은 윌리엄 '칵테일 빌' 부스비William 'Cocktail Bill' Boothby의 시그니처 칵테일을 기반으로 자신만의 버전을 개발했다. 부스비는 1906년 샌프란시스코 대지진 이전에 팰리스 호텔에서 바텐더로 일했으며 작가이기도 했다. 맨해튼을 변형한 이 칵테일은 단맛과 쓴맛의 절묘한 조화를 선보이며, 칵테일파티에 어울리는 자글자글한 기포와 우아함을 보여준다.

본디드 라이 위스키	44㎖(1½oz)
이탈리안(스위트) 베르무트	44㎖(1½oz)
앙고스투라 비터스	2대시
스파클링 와인(브뤼 추천)	30㎖(1oz)

→ 얼음을 채운 믹싱글라스에 스파클링 와인을 제외한 모든 재료를 넣고, 충분히 차가워질 때까지 20~30초간 젓는다. 그런 다음 스트레이너에 걸러서 차가운 쿠프 잔이나 칵테일 잔에 따른다. 그 위에 스파클링 와인을 층을 쌓듯이(플로팅 기법) 붓는다.

092 { 캐나다 위스키 CANADIAN WHISKY }

캐나다 위스키는 위스키 중에서도 가장 이해하기 힘든 부류에 속한다. 주스와 스위트너를 첨가한 최저가 블렌디드 제품부터 수제 싱글 그레인위스키까지 범주가 굉장히 넓기 때문이다. 설상가상 '캐나다산은 라이 위스키다'라는 인식까지 합세해 혼란을 가중한다(일부는 사실이지만 모든 캐나다산이 라이 위스키는 아니다). 그보단 '캐나다 위스키는 스카치처럼 풍미가 다양하다'라고 기억하는 것이 가장 쉽다.

그렇다면 캐나다 위스키는 왜 특별할까? 바로 제조 과정 때문이다. 버번처럼 여러 곡물을 섞지 않고, 증류기별로 곡물을 분류해 따로따로 발효하고 증류한다. 블렌디드 위스키를 생산하는 경우, 두 가지 증류액을 만든다. 프루프가 높은 것과 낮은 것인데, 후자는 보통 '향료' 역할을 한다. 각각의 증류액은 곡물별로 다른 통에 담겨 숙성 과정을 거친 뒤 병입된다.

093  눈으로 칵테일을 만들어라

추운 날씨에 따뜻한 음료도 좋지만, 자연이 선사한 자연환경을 활용해 차가운 음료를 만들어보는 건 어떨까? 인류는 태곳적부터 하늘에서 내린 신선한 눈에 풍미를 첨가해 즐기곤 했는데, 현대 바텐더들도 요즘 이 재미에 푹 빠졌다. 눈을 활용하는 방법은 무궁무진하지만, 가장 기초적인 방식 세 가지를 소개한다.

눈에 파묻기 희석하지 않은 차갑고 독한 술을 선호하는가? 유리잔이나 병을 눈에 파묻고 몇 분만 기다려보자(반드시 복잡해야 훌륭한 음료가 탄생하는 법은 아니다).

눈을 첨가하기 으깬 얼음 대신 갓 내린 깨끗한 눈을 셰이커에 넣고 부드럽게 흔들어보자. 눈마다 상태가 다르지만, 아무리 얼음처럼 굳어 있어도 으깬 얼음보다 섬세하고 빨리 녹아서 희석 속도가 훨씬 빠르다. 희석 속도를 늦추고 싶다면, 차가운 재료를 먼저 넣고 셰이커를 흔들기보다는 부드럽게 굴린다.

슬러시처럼 만들기 어른용 슬러시라고 생각하면 된다. 차가운 유리잔에 갓 내린 눈을 가볍게 담는다. 술을 제외한 칵테일 재료를 섞은 다음 눈 위에 조심스럽게 붓는다. 그 위에 술을 빙글빙글 돌리듯 붓고, 스푼과 함께 대접한다. (머들링이 필요한 레시피의 경우, 눈을 담기 전에 한다.)

094

롭 로이
ROB ROY

맨해튼 칵테일의 변형인 롭 로이는 1894년 뉴욕의 월도프 아스토리아 호텔에서 최초로 선보인 것으로 알려져 있다. 이 칵테일은 스코틀랜드 로빈 후드라 불리는 롭 로이 맥그리거Rob Roy MacGregor의 일생을 그린 오페라 초연을 기념하기 위해 만들어졌다.

블렌디드 스카치위스키	59㎖(2oz)
스위트 베르무트	30㎖(1oz)
앙고스투라 비터스 (또는 기타 아로마틱 비터스)	2대시
체리	

→ 얼음을 채운 믹싱글라스에 체리를 제외한 모든 재료를 넣고, 20~30초간 저어서 차갑게 만든다. 그리고 스트레이너에 걸러서 차가운 쿠프 잔이나 칵테일 잔에 따른다. 체리 여러 개를 칵테일픽에 꽂아서 장식한다.

095

보비 번
BOBBY BURNS

보비 번은 롭 로이를 간단하게 변형한 칵테일이다. 롭 로이 레시피에 허브 리큐어인 베네딕틴 7.4㎖(¼oz) 또는 압생트 ½티스푼을 추가하면 된다. 어느 재료를 선택하는지에 따라 조금씩 달라지는데, 베네딕틴 버전은 색이 어둡고 초콜릿 풍미를 띠며, 압생트 버전은 상대적으로 색이 밝고 가볍다.

096

스카치위스키
SCOTCH WHISKY

스코틀랜드도 아일랜드처럼 11세기경부터 위스키를 직접 증류하기 시작했다. 추운 날씨와 재사용 오크 배럴에 숙성하는 관례 덕분에 장기간 통에 저장할 수 있는 스카치위스키가 탄생했다. 한편 스코틀랜드에서는 블렌디드 위스키가 수출량의 대부분을 차지하는데, 지역마다 개성이 뚜렷한 몰트위스키 수요가 고조됨에 따라 오래된 재고 부담이 커졌다. 증류소 대부분은 스카치위스키 수요의 갑작스러운 증가를 예상하지 못했고, 결국 공급이 수요을 충족할 때까지 최소 10~20년 동안은 숙성연도 미표기 몰트위스키의 출고량을 늘릴 수밖에 없었다. 스카치위스키의 유형은 다음과 같다.

캠벨타운 하일랜드 남동쪽 연안에 위치하며, 보트로 위스키를 운반할 수 있는 항구 덕분에 번영했다. 과거에는 30개 이상의 증류소가 있었지만, 현재는 3개만 남아 있다. 토탄 풍미부터 꽃 풍미까지 다양한 위스키를 출시하며, 모든 위스키에서 연안 특유의 소금기가 느껴지는 것이 특징이다.

하일랜드 스코틀랜드에서 가장 넓은 지역으로 산이 많고 그림처럼 아름답다. 주라, 스카이, 아란, 멀 섬들도 하일랜드에 속하지만, 때로는 아일랜즈Islands라는 별도의 지역으로 취급하기도 한다. 하일랜드 위스키는 부드러운 꿀 풍미를 지니며, 먼 북부 지역에서 불어오는 소금기도 조금 느껴진다.

스페이사이드 북동부에 위치하며, 근처에 스페이강이 흐른다. 스코틀랜드 위스키 증류소의 절반가량이 이곳에 자리한다. 평원이 많고 물 접근성이 좋아서, 허가증이 필요했던 1823년 이전부터 역사적으로 증류소가 많은 지역이다. 스페이사이드 위스키는 풍미가 매우 다양한데, 특히 토탄, 향신료, 과일이 조화로운 균형을 이루는 것이 특징이다.

아일레이 강렬한 훈연 풍미의 위스키로 유명하다. 전통적으로 잔디와 물이끼가 두텁게 깔린 습지에서 수확한 토탄을 조각으로 잘라서 사용한다. 토탄은 몰팅malting 단계에서 보리를 로스팅하고, 발아를 멈추는 데 사용한다.

로우랜드 잉글랜드와 국경을 접하고 있다. 로우랜드의 숲과 비옥한 평원에는 세 곳의 증류소가 남아 있는데, 세 번의 증류 과정을 거친 잔디 풍미의 라이트 위스키로 유명하다.

097 사제락

SAZERACS

뉴올리언스 공식 칵테일인 사제락은 빅 이지(뉴올리언스의 별칭—옮긴이)의 사제락 커피하우스에서 시작된 진화의 결과물이다. 이곳은 1850년대 프랑스에서 '세르작드포르주 에 피스 코냑'을 수입했었다. 사제락 커피하우스의 칵테일은 당시 비터 슬링(오늘날의 올드 패션드)이라 불리던 칵테일에 단순한 변형을 가한 것으로, 앙투안 아메디 페이쇼Antoine Amedie Peychaud 가문의 전통 레시피를 따라 브랜디, 설탕, 물, 압생트, 비터스로 만들었다. 1870년대 프랑스 포도밭을 초토화한 병충해 사건 이후 코냑 공급량이 감소함에 따라 칵테일도 코냑 베이스에서 라이 위스키 베이스로 바뀌었다. 클래식 사제락과 변형판 레시피는 다음과 같다.

USBG | 인디애나폴리스 지부

✦ 제이슨 파우스트 ✦

USBG 중서부권역 부회장

098

클래식 사제락
CLASSIC SAZERAC

다음은 제이슨 파우스트Jason Faust가 소개하는 클래식 사제락의 레시피다. 옛 버전이 궁금하다면, 위스키를 코냑으로 바꿔보자. 1850년대의 맛을 경험할 수 있을 것이다.

데메라라 각설탕	1개
페이쇼즈 비터스	3대시
라이 위스키	
압생트	7.4㎖(¼oz)
(허브생트Herbsaint 제품 추천)	
레몬 껍질	

•➧ 올드 패션드 잔이나 락 잔에 얼음을 채우고 옆에 놓아둔다. 믹싱글라스나 파인트에 각설탕을 넣고 페이쇼즈 비터스로 촉촉이 적신 뒤, 머들러로 각설탕을 으깬다. 여기에 라이 위스키와 얼음을 넣고, 설탕이 녹을 때까지 젓는다. 올드 패션드 잔에서 얼음을 제거한 뒤, 압생트를 붓고 빙글빙글 돌려서 잔을 코팅한다. 믹싱글라스나 파인트에서 칵테일을 걸러서 올드 패션드 잔에 붓는다. 레몬 껍질을 칵테일에 대고 비틀어 짠 뒤, 칵테일에 넣는다.

USBG | 덴버 지부

맷 카원 ✦ 칵테일 큐레이터 | 라 쿠르La Cour

099 { 폼 다무르 POMME D'AMOUR }

옛 버전과 새 버전을 혼합한 사제락으로, 위스키와 프랑스 브랜디를 혼합해서 만든다. 폼 다무르라는 이름은 '사탕 사과'라는 뜻으로, 가을에 완벽하게 어울리는 풍미를 자랑한다.

데메라라 각설탕	1개
페이쇼즈 비터스	2대시
사과 비터스	2대시
라이 위스키	30㎖(1oz)
칼바도스 애플 브랜디	30㎖(1oz)
압생트	잔을 코팅하는 용
레몬 껍질	

•➧ 올드 패션드 잔이나 락 잔에 얼음을 채우고 옆에 놓아둔다. 믹싱글라스나 파인트에 각설탕을 넣고 비터스로 촉촉이 적신 뒤, 머들러로 각설탕을 으깬다. 여기에 라이 위스키와 칼바도스 애플 브랜디를 추가하고, 설탕이 녹을 때까지 젓는다. 그런 다음 얼음을 넣고 저어서 음료를 차갑게 만든다. 올드 패션드 잔에 들어 있던 얼음을 제거한 뒤, 압생트를 붓고 빙글빙글 돌려서 잔을 코팅한다. 믹싱글라스나 파인트에서 칵테일을 걸러서 올드 패션드 잔에 붓는다. 레몬 껍질을 칵테일에 대고 불꽃을 붙인 뒤(262번 참고), 음료에 넣는다.

100

마티니의 변천사

마티니처럼 다채로운 변천사를 겪은 칵테일도 없을 것이다. 마티니는 음식보다는 패션의 변화에 더 민감하게 반응하는 음료였다. 인터벌 바Interval Bar의 바 매니저인 제니퍼 콜리우Jennifer Colliau에 따르면, 마티니는 250년에 걸쳐 총 여섯 번의 변천사를 거쳤다. 이는 문화적 취향의 발전 과정뿐 아니라, 변화의 흐름 속에서 어떻게 고유한 정체성을 유지했는지 보여준다.

101 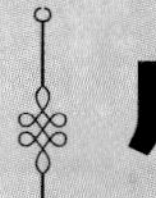 J.P.A. 마티니 

J.P.A. MARTINI

1700년대 말, 독일 작곡가 요한 파울 에기디우스 슈바르첸도르프Johann Paul Aegidius Schwartzendorf는 프랑스로 이주해 궁정 음악가로 활동했다. 당시에는 이탈리아식 이름이 유행했는데, 그 역시 자신의 성을 마르티니로 개명했다. 그는 네덜란드산 제네버 진에 와인과 시나몬 가루를 섞어서 마시기로 유명했는데, 이것이 최초의 마티니로 알려져 있다.

제네버 진(Diep9 추천)	59㎖(2oz)
샤블리 화이트 와인	30㎖(1oz)
시나몬 스틱	

•➔ 파인트나 믹싱글라스에 제네버 진과 샤블리 화이트 와인을 넣고, 얼음을 추가한다. 그리고 음료의 온도가 0℃에 이를 때까지 20~30초간 젓는다. 그런 다음 스트레이너에 걸러서 닉 앤드 노라, 작은 쿠프 잔이나 칵테일 잔에 따른다. 마지막으로 시나몬 스틱을 잔에 대고 갈아 넣는다.

102 줄리아 차일드(일명 거꾸로 마티니)  

JULIA CHILD(AKA INVERTED MARTINI)

제니퍼 콜리우는 진과 베르무트를 2:1의 비율로 섞는 표준 레시피를 거꾸로 뒤집어서 베르무트의 비중을 높이고 칵테일을 라이트하게 만들었다. 풍문에 따르면, 줄리아 차일드Julia Child(미국의 유명한 요리 연구가—옮긴이)도 이 레시피를 더 선호한다고 한다.

드라이 베르무트	111㎖(3¾oz)
런던 드라이 진	22㎖(¾oz)
레몬 껍질	

•➔ 파인트나 믹싱글라스에 레몬 껍질을 제외한 모든 재료를 넣는다. 그리고 음료의 온도가 0℃에 이를 때까지 20~30초간 젓는다. 그런 다음 스트레이너에 걸러서 차가운 쿠프 잔이나 칵테일 잔에 따른다. 마지막으로 레몬 껍질을 칵테일에 대고 비틀어 짠 뒤 가니시로 활용한다.

103

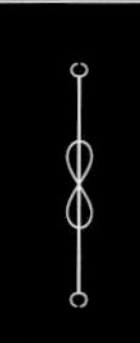

마르티네스

MARTINEZ

마티니의 조상으로 여겨지는 마르티네스에는 수많은 러브스토리가 얽혀 있다. 마르티네스로 향하던 한 광부의 이야기도 그중 하나다.

올드 톰 진	59㎖(2oz)
스위트 베르무트 (돌랭 루주Dolin rouge 추천)	30㎖(1oz)
오렌지 비터스	2대시
레몬 껍질	

➜ 믹싱글라스에 레몬 껍질을 제외한 모든 재료를 넣는다. 여기에 얼음을 추가한 뒤 온도가 0℃에 이를 때까지 20~30초간 젓는다. 그런 다음 스트레이너에 걸러서 닉 앤드 노라 잔, 쿠프 잔이나 칵테일 잔에 따른다. 레몬 껍질을 음료에 대고 비틀어 짠 뒤 음료에 넣는다.

104

베스퍼

VESPER

이언 플레밍Ian Fleming이 만들어낸 제임스 본드라는 인물을 언급하지 않고 마티니의 역사를 논할 순 없다. 이 칵테일은 플레밍의 작품으로 제임스 본드가 사랑했던 베스퍼 린드의 이름을 땄다.

런던 드라이 진	44㎖(1½oz)
보드카	22㎖(¾oz)
코키 아메리카노Cocchi Americano 아페리티프 와인	15㎖(½oz)
레몬 껍질	

➜ 얼음이 든 칵테일 셰이커에 레몬 껍질을 제외한 모든 재료를 넣은 뒤, 8~10초간 세차게 흔든다. 그리고 스트레이너에 걸러서 쿠프 잔이나 칵테일 잔에 따른다. 레몬 껍질을 음료에 대고 비틀어 짠 뒤 음료에 얹어 장식한다.

USBG | 샌프란시스코 지부

✦ 제니퍼 콜리우 ✦

스몰 핸드 푸즈Small Hand Foods의 오너

105

더티 마티니
DIRTY MARTINI

뉴욕 색슨+파롤Saxon+Parole의 나렌 영 Naren Young이 개발한 더티 마티니 레시피를 변형한 이 버전은 퇴폐적이면서도 얼마든지 클래식할 수 있음을 보여준다.

네이비 스트렝스 진	44㎖(1½oz)
더티 베르무트*	44㎖(1½oz)
올리브	
엑스트라버진 올리브오일	

***더티 베르무트 만들기** 드라이 베르무트 375㎖, 블랙 체리뇰라 올리브(씨 제거) 113g(4oz), 소금 한 꼬집을 블렌더에 넣는다. 올리브가 모래 질감이 될 때까지 펄스 모드로 갈아준다. 미세거름망에 거른 뒤, 베르무트에 남은 미세한 올리브 조각이 바닥에 가라앉을 때까지 기다린다. 침전물을 남기고, 다시 조심스럽게 망에 거른다.

•➧ 파인트 또는 믹싱글라스에 진과 더티 베르무트를 넣고, 얼음을 추가한다. 음료의 온도가 0℃에 이를 때까지 20~30초간 젓는다. 그런 다음 스트레이너에 걸러서 쿠프 잔이나 칵테일 잔에 따른다. 올리브를 가니시로 올리고, 칵테일에 올리브오일 몇 방울을 떨어뜨린다.

USBG | 샌프란시스코 지부

✦ 제니퍼 콜리우 ✦

스몰 핸드 푸즈Small Hand Foods의 오너

106

피프티피프티 스플리트
FIFTY-FIFTY SPLIT

뉴욕 페그 클럽Peg Club의 오드리 손더스Audrey Saunders는 베르무트와 진을 1:1의 비율로 섞어서 피프티피프티 마티니를 만들었다. 한편 슬랜티드 도어 그룹Slanted Door Group의 음료파트 책임자 에릭 애드킨스Erik Adkins가 개발한 이 버전은 두 종류의 베르무트를 섞는다. 그러면 풍미와 드라이 한 맛이 강해진다.

런던 드라이 진	44㎖(1½oz)
드라이 베르무트 (돌랭Dolin 추천)	22㎖(¾oz)
블랑(또는 비앙코) 베르무트 (돌랭Dolin 추천)	22㎖(¾oz)
오렌지 비터스	1대시
레몬 껍질	

•➔ 파인트나 믹싱글라스에 레몬 껍질을 제외한 모든 재료를 넣는다. 그리고 음료의 온도가 0℃에 이를 때까지 20~30초간 젓는다. 그런 다음 스트레이너에 걸러서 쿠프 잔이나 칵테일 잔에 따른다. 마지막으로 레몬 껍질을 음료에 대고 비틀어 짠 뒤, 가니시로 장식한다.

USBG | 샌프란시스코 지부

이안 애덤스 ✦ 총지배인 겸 셰리 큐레이터 | 15 로몰로15 Romolo

107 { 직접 만드는 베르무트 베이스 }

베르무트에 진지하게 빠져들기 시작했다면, 직접 만들어보는 건 어떨까? 레시피를 조금씩 바꿔봐도 좋지만, 먼저 본 레시피를 몇 번 따라 해보고 기본공식을 이해한 뒤 시도하자. 본 레시피에는 비앙코 베르무트나 로소 베르무트를 만드는 데 필요한 모든 식물 재료가 나열돼 있다.

웜우드(쓴쑥)	1.5g
목향	1.5g
앙겔리카 뿌리	0.3g
바닐라빈	3개
쓴 오렌지 껍질	5g
에르브 드 프로방스 (프로방스 허브)	1.125g
고수씨	0.6g
육두구 간 것	0.5g
시나몬 스틱	0.7g
카모마일	0.4g
다미아나	0.25g
루이보스 차	0.4g
신선한 오렌지 껍질	반 개 분량
VS 아르마냐크	375㎖
배 리큐어pear liqueur (비앙코 베르무트용)	375㎖
파차란patxaran (로소 베르무트용)	375㎖

•➔ **베르무트 베이스 만들기** 모든 재료를 섞고, 덮개를 씌운다. 그리고 어둡고 서늘한 장소에 48시간 놓아두고 우린다. 침출 과정이 끝나면 망에 거른 뒤 마지막 혼합 단계로 넘어간다.

•➔ **비앙코 베르무트 만들기** 베르무트 베이스 375㎖와 피노 셰리 1,125㎖(용량 750㎖ + 용량 375㎖)를 섞는다. 재료들이 서로 어우러지게 밤새 놓아둔다. 그런 다음 잘 섞어준다.

•➔ **로소 베르무트 만들기** 베르무트 베이스 375㎖와 크림 셰리 1,125㎖(용량 750㎖ + 용량 375㎖)를 섞는다. 재료들이 서로 어우러지게 밤새 놓아둔다. 그런 다음 잘 섞어준다.

USBG | 인디애나폴리스 지부

✦ 제이슨 파우스트 ✦

USBG 중서부권역 부회장

108

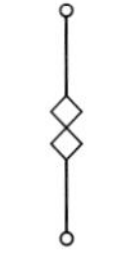

송 어바웃 언 엑스
SONG ABOUT AN EX

켄터키의 코퍼 & 킹스 증류소는 증류기마다 밥 딜런Bob Dylan의 노래 제목을 따서 이름을 붙이고, 브랜디를 배럴에 담아서 숙성하는 내내 저장실에 음악을 틀어놓는다. 제이슨 파우스트Jason Faust는 이곳을 방문하고 영감을 얻어 이 칵테일을 개발했다. 미국, 이탈리아, 프랑스 술을 혼합한 칵테일을 홀짝이며 옛 연인을 떠올려보자.

숙성 브랜디 (코퍼 & 킹스Copper & Kings 추천)	44mℓ(1½oz)
샤르트뢰즈 옐로우	22mℓ(¾oz)
시나르	22mℓ(¾oz)
자몽 비터스	2대시
레몬 껍질	

•➔ 믹싱글라스에 레몬 껍질을 제외한 모든 재료를 넣는다. 여기에 얼음을 추가하고, 20~30초간 젓는다. 그런 다음 스트레이너에 걸러서 브랜디 잔, 락 잔이나 올드 패션드 잔에 따른다. 마지막으로 레몬 껍질을 음료에 대고 비틀어 짠 뒤, 가니시로 장식한다.

USBG | 샌프란시스코 지부

제프 라이언 ✦ 오너 겸 운영자 | 서드 레일Third Rail

109

본 머신
BONE MACHINE

오해 마시라. 본 머신이란 이름은 레슬링 선수, 포르노 배우, 픽시스Pixies(미국 얼터너티브 록 밴드—옮긴이)의 노래에서 따온 것이 아니다. 이 이름은 1992년 그래미 수상자 톰 웨이츠Tom Waits의 음반 이름에서 따온 것이다. 이 칵테일은 셰리도 칵테일 재료가 될 수 있음을 증명하기 위해 개발됐다 해도 과언이 아니다. 얼핏 셰리는 칵테일에 넣기에 너무 왕성해 보이지만, 실제로는 상쾌한 시트러스 풍미와 함께 드라이하고 마시기 쉬운 칵테일을 만든다.

올로로소 셰리	44mℓ(1½oz)
버번위스키	30mℓ(1oz)
아마로 노니노	30mℓ(1oz)
베네딕틴 리큐어	30mℓ(1oz)
아로마틱 비터스	1대시
오렌지 비터스	2대시
오렌지 껍질	

•➔ 믹싱글라스에 오렌지 껍질을 제외한 모든 재료를 넣는다. 여기에 얼음을 추가하고, 20~30초간 젓는다. 그런 다음 스트레이너에 걸러서 올드 패션드 잔이나 락 잔에 따른다. 마지막으로 오렌지 껍질을 음료에 대고 불꽃을 붙인 뒤(264번 참고), 오렌지 껍질을 가니시로 장식한다.

USBG | 로스앤젤레스 지부

크리스토퍼 데이 ✦ 바 매니저 | 제너럴 리즈 칵테일 하우스General Lee's Cocktail House

110

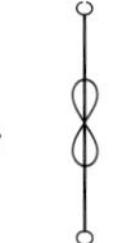

벤딩 블레이즈
BENDING BLADES

벤딩 블레이즈는 여름을 위한 테킬라 마티니다. 상쾌하고 다즙한 풍미와 기분 좋게 드라이한 피니시가 방금 깎은 잔디밭 그늘에 앉은 듯한 느낌을 선사한다.

블랑코 테킬라	15mℓ(½oz)
자몽 리큐어(지파드Giffard 추천)	15mℓ(½oz)
만자니야 셰리(루스타우 파피루사Lustau Papirusa 추천)	15mℓ(½oz)
용담 리큐어(세일러스 아페리티프 젠션 리큐어Salers Aperitif gentian liqueur 추천)	15mℓ(½oz)
레몬 껍질	

•➔ 믹싱글라스에 레몬 껍질을 제외한 모든 재료를 넣는다. 여기에 얼음을 추가하고, 20~30초간 젓는다. 그런 다음 스트레이너에 걸러서 닉 앤드 노라, 쿠프 잔 또는 칵테일 잔에 따른다. 마지막으로 레몬 껍질을 음료에 대고 비틀어 짠 뒤, 레몬 껍질은 버린다.

| 덴버 지부

✦ 안드레아스 페조빅 ✦

바텐더 | 오크 앳 포틴스OAK at fourteenth

111

브로큰 컴퍼스

BROKEN COMPASS

노르웨이 선박이 항해 중에 나침반이 깨져 길을 잃는 바람에 자메이카, 퀴라소섬, 스페인에 들렀다가 겨우 고향까지 돌아갔다는 이야기에서 영감을 받아 탄생한 칵테일이다.

자메이카 럼(네이비 스트렝스)	22㎖(¾oz)
아쿠아비트 (올로로소 셰리 통에서 숙성한 리니에 제품 추천)	22㎖(¾oz)
만자니야 셰리	22㎖(¾oz)
퀴라소 (피에르 페랑 드라이 퀴라소 추천)	15㎖(½oz)
그레나딘(석류) 시럽	7.4㎖(¼oz)
아몬드 추출액	1대시
오렌지 껍질(나침반의 화살표 모양으로 만든다)	

➜ 믹싱글라스에 오렌지 껍질을 제외한 모든 재료를 넣는다. 여기에 얼음을 추가하고, 20~30초간 젓는다. 올드 패션드 잔이나 락 잔에 큼직한 얼음 큐브를 넣고, 칵테일을 스트레이너에 걸러서 잔에 따른다. 오렌지 껍질을 칵테일에 대고 비틀어 짠 뒤, 얼음 위에 올려 장식한다.

럼 RUM

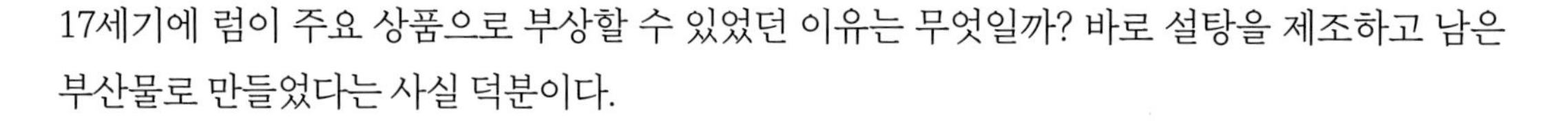

17세기에 럼이 주요 상품으로 부상할 수 있었던 이유는 무엇일까? 바로 설탕을 제조하고 남은 부산물로 만들었다는 사실 덕분이다.

112

사탕수수와 함께한 럼의 역사

사탕수수 100톤으로 정제설탕 10톤을 생산할 수 있으며, 이 과정에서 당밀 형태의 부산물 5톤이 나온다. 그리고 당밀 1톤으로 약 265리터의 럼을 생산할 수 있다. 마이 타이 칵테일을 엄청나게 많이 만들 수 있다는 말이다!

럼의 성공 이면에는 노예매매라는 암울한 삼각무역이 존재한다. 먼저 당밀을 미국 식민지로 운반해서 럼으로 증류한다. 그리고 아프리카에서 럼과 노예를 교환한다. 그런 다음 노예를 카리브해 지역으로 데려가서 사탕수수농장에서 일을 시킨다. 이런 삼각무역은 19세기 초까지 지속됐다.

한편 영국의 봉쇄로 프랑스가 카리브해 식민지에 접근하지 못하게 되자, 나폴레옹은 프랑스의 설탕 수입을 금지하고 사탕무 설탕산업을 개시했다. 프랑스가 사탕수수에 대한 의존도를 벗어나자, 식민지의 정제 공장들은 파산 상태에 이르렀다. 이에 카리브해 지역은 번거롭게 설탕을 정제하는 대신, 신선한 사탕수수 주스로 새로운 스타일의 럼을 만들기 시작했다.

중남미도 포르투갈과 스페인이 사탕수수를 들여오면서 럼을 생산하기 시작했다. 이윽고 브라질은 세계 최대 설탕 생산국으로 등극했다. 한편 스페인 와인상인 파쿤도 바카르디 마소 Facundo Bacardi Massó는 칼럼 증류기와 숯 여과법을 사용해서 기존보다 훨씬 부드러운 럼을 생산했다. 이 새로운 스타일의 럼은 폭발적인 인기에 힘입어 다른 식민지까지 퍼져 나갔다.

113

언어권별 럼의 스타일

카리브해 지역과 중남미에서 생산한 럼은 언어권에 따라 스타일이 구분된다. 영어권 국가의 럼은 어둡고 풍미가 풍부하다. 특히 자메이카 럼이 가장 원기왕성하다. 스페인어권 국가는 배럴에 숙성한 깔끔한 맛의 럼을 선호한다. 프랑스어권 국가는 당밀 대신 신선한 사탕수수 주스로 럼을 만든다. 그래서 파워풀하고 풍미가 다채롭지만, 자메이카 럼보다는 라이트하다.

114 럼은 이렇게 만든다

럼 제조 과정은 언제나 특정 형태의 사탕수수로부터 시작한다.
보통 당밀 형태가 가장 흔하며, 신선한 주스부터 과립까지 모든 형태가 가능하다.

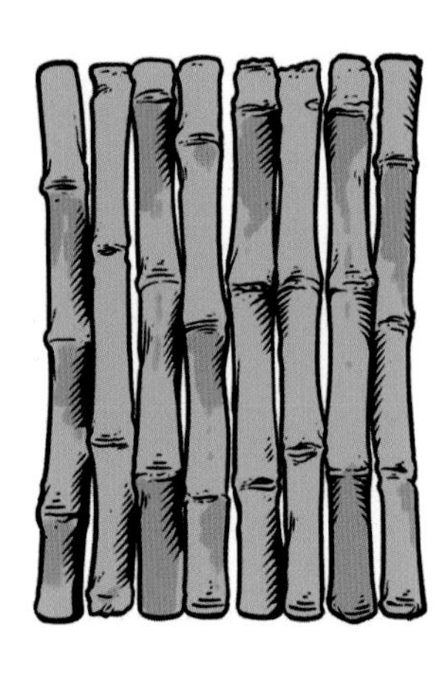

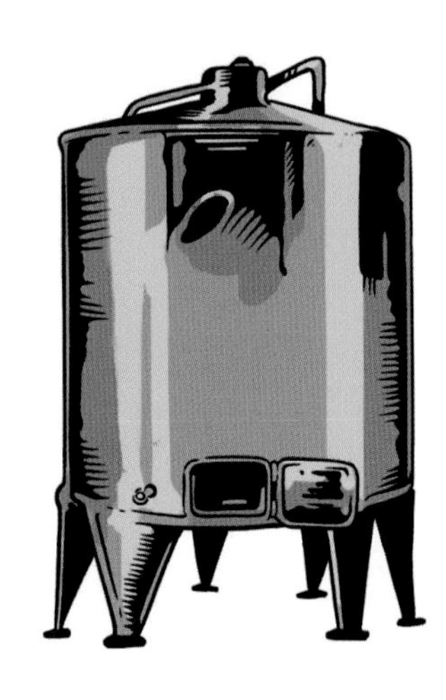

1단계 사탕수수를 물에 희석하면, 효모가 자당을 발효시킨다. 이때 야생효모가 자연스럽게 발효하도록 하는 증류소도 있고, 특정 효모균주를 쓰는 곳도 있다. 또는 자메이카의 정류소들처럼 이전 발효에서 생긴 거품인 던더dunder를 넣는 경우도 있다.

2단계 발효 시간은 주변 온도의 영향을 받으며, 빠르면 24시간 만에 끝나기도 한다. 한편 발효 과정을 늦추기 위해 발효탱크를 냉각해 효모가 더 풍성한 풍미를 생성하도록 유도하는 경우도 있다.

3단계 발효액을 단식 증류기(풍미가 풍성해짐)에 두 번 증류하거나 연속식 증류기(풍미가 깔끔해짐)에 증류한다.

4단계 럼은 대부분 나무통에서 숙성을 거쳐 병입된다. 드물게 스테인리스스틸 탱크에서 숙성하는 경우도 있다.

115

다채로운 풍미를 지닌, 럼

럼의 종류는 생각보다 다양하며, 그에 따라 칵테일의 풍미가 달라진다. 따라서 여러 종류의 럼을 알아두는 것이 좋다.

라이트 럼 당밀로 만든 맑은 럼이다. 높은 알코올 도수로 증류해서 매우 깔끔한 풍미를 낸다. 또한 풍미의 깊이를 더하기 위해 여과를 통해 색을 제거한 숙성 럼을 첨가하는 경우도 가끔 있다. 칵테일에 가장 많이 사용하는 유형이다.

골든 럼/숙성 럼 풍미가 그윽하고 마시기 쉬운 당밀 베이스 럼이다. 배럴 숙성으로 인해 특유의 색을 띤다(캐러멜을 첨가해서 색을 짙게 만드는 경우도 있다). 식후에 마시면 소화에 도움이 된다.

다크 럼/자메이카 럼 당밀 베이스 럼이다. 장기간 숙성하며, 증류 과정을 거친 뒤에도 당밀 풍미가 그대로 유지된다. 풍미가 매우 풍부하며, 무게감 덕분에 마이 타이(149번 참고) 같은 칵테일에 유용하게 사용된다.

럼 아그리콜 단식 증류기를 사용해서 증류하며, 자연적인 발효를 유도한다. 숙성되지 않은 상태에서는 채소 풍미, 투박함, 강렬한 냄새가 느껴진다. 그러나 배럴에 숙성하면, 이런 특성이 누그러진다. 블렌디드 위스키에 토탄 풍미의 스카치가 있다면, 럼에는 럼 아그리콜이 있다고 생각하면 이해하기 쉽다.

카샤사 세계 최대 사탕수수 재배국인 브라질에서 생산한다. 설탕 부산물이 아닌 신선한 사탕수수 주스로 만든 증류주라는 점에서 일반 럼과 구별된다. 수출되는 카샤사 대부분은 숙성 과정을 거치지 않으며, 잔디 풍미의 깔끔한 맛을 내기 위해 칼럼 증류기를 사용한다. 그러나 다른 사탕수수 베이스 증류주처럼 단식 증류기에 증류한 뒤 숙성시키는 경우도 있다. 이때 오크나무나 브라질산 제키티바 호사jequitiba rosa, 톨루발삼 등 이국적인 나무 배럴에 숙성한다.

플레이버드 럼 몇 년 전까지 플레이버드 럼이라고 하면, 대부분 인공적인 향을 첨가한 술이었다(라벨에 '천연향'이라 표기된 제품도 마찬가지다). 그러나 현재는 실제 과일을 증류하거나 침출하는 등 인공 향을 대체할 다양한 버전이 출시됐다. 특히 파인애플 럼과 코코넛 럼을 추천한다. 마치 카리브 해변의 부드러운 모래 위를 걷는 맨발에 따뜻한 바닷물이 닿는 듯한 맛이다.

초보자의 경우, 유리나 스텐 재질이 좋다. 특히 유리 셰이커는 재료를 첨가하고 머들링하는 과정을 지켜볼 수 있어서 유리하다. 2단 스텐 셰이커는 다른 재질보다 훨씬 가벼워서 칵테일을 여러 잔 만들 때 체력을 아낄 수 있다.

보스턴/2단 셰이커 바에서 가장 많이 사용하는 스타일이다. 큰 스텐 컵 한 개와 이 안에 들어갈 정도로 작은 스텐(또는 강화유리) 컵 한 개 등 2단으로 구성돼 있다.

116 칵테일 제조의 핵심 도구, 셰이커

보통 칵테일을 생각할 때 가장 먼저 떠오르는 도구는 셰이커일 것이다. 실제로 셰이커는 칵테일 제조의 핵심 도구에 속한다. 셰이커의 주요 역할은 주스, 유제품, 달걀이 들어간 음료를 섞어서 재료의 온도를 빠르게 낮추고 질감을 살리는 것이다. 어떤 셰이커를 사용해야 하는지에 대한 규칙은 없다. 그저 다른 도구처럼 적재적소에 맞는 셰이커를 고르면 된다. 한편 스트레이너는 심플한 칵테일 도구이지만, 종류가 매우 다양하다.

코블러/3단 셰이커 코블러는 3단 셰이커 중에서 가장 대표적인 모델이다. 얼음과 재료가 들어가는 커다란 베이스 부분, 거름망이 장착된 상단 부분 그리고 캡으로 구성된다. 한 잔을 만들 때는 매우 유용하지만, 여러 잔을 만들 때는 문제가 발생할 수 있다. 차가운 스텐 재질 때문에 이음새 사이에 얼음이 엉겨 붙어서 칵테일이 제대로 섞이지 않을 때가 있다.

프렌치/파리지앵 셰이커 또 다른 2단 스텐 셰이커다. 보스턴 셰이커와 코블러 셰이커의 중간형이다. 컵의 어깨 부분이 굴곡져서 그립감이 좋다. 다용도성이 부족하지만, 우아한 외관이 이를 상쇄한다.

117 셰이커를 열어라

처음에는 칵테일을 만드는 것보다 셰이커에서 칵테일을 온전히 꺼내는 일이 더 어렵게 느껴진다. 여기 몇 가지 팁이 있다.

코블러 셰이커의 경우, 따뜻한 물로 적신 천을 캡에 1분간 갖다 댄다. 이때 천이 캡에만 닿아야 한다. 아니면 음료까지 따뜻해진다. 그런 다음 캡을 비틀어 돌려서 연다.

유리 텀블러와 세트인 보스턴 셰이커의 경우, 비지배적 손(오른손잡이는 왼손, 왼손잡이는 오른손)으로 스텐 컵을 잡는다. 그리고 다른 쪽 손바닥 아랫부분으로 두 컵의 이음매를 친다.

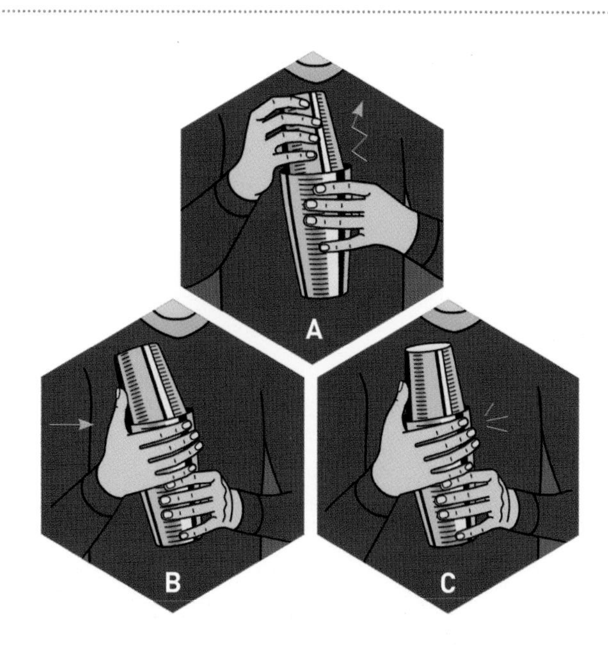

두 컵이 모두 스텐 재질인 경우, 비지배적 손으로 큰 컵을 잡고 다른 손으로 작은 컵을 앞뒤로 흔든다(A). 그래도 열리지 않으면, 큰 컵을 단단히 잡고(B) 엄지손가락으로 작은 컵을 한쪽 방향으로 민다(C).

118 내게 맞는 스트레이너를 선택하라

스트레이너는 종류가 매우 다양하며, 각각 장단점이 존재한다. 칵테일 종류에 따라 적재적소에 스트레이너를 사용하면 유용하다. 항상 그렇듯, 자신에게 가장 맞는 종류를 선택해서 제대로 활용하자.

파인 스트레이너FINE STRAINER 미세한 망을 가졌으며, 흔들어서 만드는 칵테일에 주로 사용한다. 흔들어서 만드는 칵테일은 질감이 중요하기 때문에 파인 스트레이너로 얼음 조각이나 머들러로 으깬 재료를 걸러낸다.

줄렙 스트레이너JULEP STRAINER 구멍 난 큰 스푼처럼 생겼다. 저어서 만드는 칵테일에 주로 사용한다. 큰 얼음 조각을 걸러내는 용도로 사용한다.

호손 스트레이너HAWTHORNE STRAINER 앞의 두 종류보다 다용도로 사용할 수 있다. 대부분 스텐이나 유리 셰이커와 크기가 맞으며, 흔들어 만드는 칵테일과 저어서 만드는 칵테일 모두에 사용할 수 있다.

USBG | 로스앤젤레스 지부

✦ 마르코스 테요 ✦

바 & 증류주 컨설턴트

119  셰이커와 교감하라

칵테일을 만들 때 가장 재밌는 부분이 바로 셰이킹이다. 얼음이 통 안에서 부딪히는 소리를 들으면 왠지 모르게 굉장한 만족감이 밀려온다. 여기서 셰이커를 어떻게 흔드느냐에 따라 칵테일 잔에 담기는 결과물의 맛이 달라진다.

메커니즘을 이해한다 셰이킹의 냉각 효과는 피스톤과 비슷하다. 셰이커를 위아래로 흔들면, 얼음과 액체가 서로 충돌하면서 음료가 차가워지고 칵테일에 공기가 주입된다. 음료가 얼마나 차가워졌는지 알고 싶다면 셰이커의 온도를 확인하면 된다. 그래도 최소한 8~10초 동안 흔드는 것이 바람직하다.

크기의 중요성을 이해한다 칵테일 대부분은 표준 크기의 얼음을 사용한다. 하지만 칵테일 맛을 미세하게 조정하고 싶다면 얼음 크기를 조절한다. 큼직한 얼음 큐브 한 덩이를 사용하면, 공기 주입과 질감이 증대한다. 반면 으깬 얼음을 넣고 흔들면, 희석도가 높아진다.

혼신을 다해서 흔든다 셰이킹은 바텐딩의 꽃이므로 퍼포먼스라고 생각하고 신나게 흔들어보자. 춤 동작도 추가해서 재밌게 만들어보는 것도 좋다. 즐겁지 않은 마음으로 마지못해 흔드는 것처럼 안타까운(혹은 덜 차가운) 칵테일도 없다.

다치지 않게 주의한다 반복사용 긴장성 손상증후군(RSI)은 실제 많은 바텐더가 호소하는 위험한 증상이다. 따라서 부상을 방지하기 위해 적절한 리듬과 반동력을 활용해야 한다. 중심을 단단히 잡은 상태에서 어깨뼈를 뒷주머니 쪽으로 가라앉힌다고 상상해보자. 그리고 권투선수처럼 하체에서 올라오는 힘을 쓴다.

120 프로처럼, 칵테일 셰이킹

칵테일을 흘리지 않고 매끄럽게 셰이킹하기 위한 몇 가지 단계를 배워보자.

1단계

주스와 시럽을 먼저 쌓고, 술은 가장 마지막 순서에 넣는다. 이 순서대로라면 중간에 실수해도 술을 버리지 않아도 된다.

2단계

얼음은 액체 재료를 모두 넣은 다음에 추가한다. 그러면 중간에 다른 일을 하더라도 칵테일이 과하게 희석될 걱정이 없다.

3단계

작은 유리컵(또는 스텐 컵)에 큰 스텐 컵을 엎고, 손바닥으로 탁 내리쳐서 고정한다. 반대로 큰 스텐 컵에 여러 잔을 한꺼번에 만드는 경우, 그 위에 작은 스텐 컵(또는 유리컵)을 엎고, 손바닥으로 탁 내리쳐서 고정한다. 그리고 두 컵이 단단히 결합됐는지 반드시 확인한다(아니면 근처에 앉은 사람이 젖을지도 모른다).

4단계

큰 스텐 컵을 양손으로 잡고, 결합 부위와 유리컵이 자신을 향하게 놓고 흔든다. 이러면 만약 결합이 틀어져도 자신과 백 바만 젖는다. 결합이 틀어진 경우, 유리컵을 내리치고 다시 시도한다.

5단계

약 10초간 열성적으로 칵테일을 꼼꼼하게 흔든다. 셰이커가 차가워지는 게 느껴질 것이다(칵테일도 맛있어지는 중이다). 셰이커 여는 법은 117번을 참고하라.

121 톡 쏘는 새콤한 칵테일을 선택하라

칵테일과 함께 휴가를 즐겨보자!

122

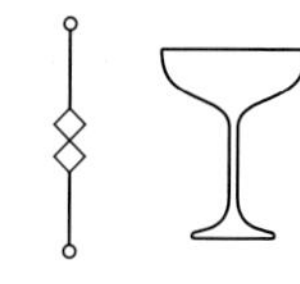

베이직 다이키리

BASIC DAIQUIRI

칵테일 카테고리 중 가장 잘 알려진 것은 사워 칵테일이다. 그중에서도 마르가리타와 다이키리는 사워 칵테일을 대표하는 인기 음료다. 다이키리는 쿠바의 산티아고데쿠바에 있는 광산의 이름을 딴 것으로, 1909년에 루셔스 W. 존슨Lucius W. Johnson 해군 소장이 워싱턴D.C. 육해군클럽에 다이키리 레시피를 소개한 이후 유명세를 타기 시작했다. 가장 클래식한 다이키리 레시피를 알아보자.

화이트 럼	59㎖(2oz)
라임 주스	15㎖(½oz)
단미 시럽(1:1)	15㎖(½oz)
라임 휠	

•➔ 셰이커에 라임 휠을 제외한 모든 재료를 넣는다. 여기에 얼음을 추가한 뒤, 8~10초간 세차게 흔든다. 그리고 스트레이너에 걸러서 차가운 쿠프 잔이나 칵테일 잔에 따른다. 마지막으로 라임 휠로 장식한다.

123

헤밍웨이 다이키리

HEMINGWAY DAIQUIRI

헤밍웨이가 마셨다는, 그것도 매우 자주 마셨다고 알려진 칵테일이다.

화이트 럼(숙성 럼은 색에 영향을 미친다)	59㎖(2oz)
라임 주스	22㎖(¾oz)
자몽 주스	15㎖(½oz)
마라스키노 리큐어 (시큼한 마라스카 체리로 만들었으며 흙, 허브, 아몬드 풍미를 띤다)	15㎖(½oz)
라임 휠	

•➔ 셰이커에 라임 휠을 제외한 모든 재료를 넣는다. 얼음을 추가하고, 8~10초간 세차게 흔든다. 그런 다음 스트레이너에 걸러서 차가운 쿠프 잔이나 칵테일 잔에 따른다. 마지막으로 라임 휠로 장식한다.

124

프로즌 다이키리

FROZEN DAIQUIRI

가끔 프로즌 다이키리의 퇴폐적인 맛이 당길 때가 있다. 다행히 집에서도 클래식하고 맛있는 버전을 만들 수 있다.

화이트 럼 (숙성 럼을 써도 되지만, 색에 영향을 미친다)	59㎖(2oz)
라임 주스	22㎖(¾oz)
단미 시럽(1:1)	30㎖(1oz)
으깬 얼음 (또는 표준 크기의 얼음 큐브	소복한 ½컵 4~5개)
라임 휠	

•➔ 블렌더에 라임 휠을 재외한 모든 재료를 넣은 뒤 얼음을 추가한다. 그리고 얼음이 균일하게 으깨지면서 크리미한 질감이 될 때까지 갈아준다. 차가운 쿠프 잔이나 칵테일 잔에 칵테일을 걸러서 담고, 라임 휠로 장식한다.

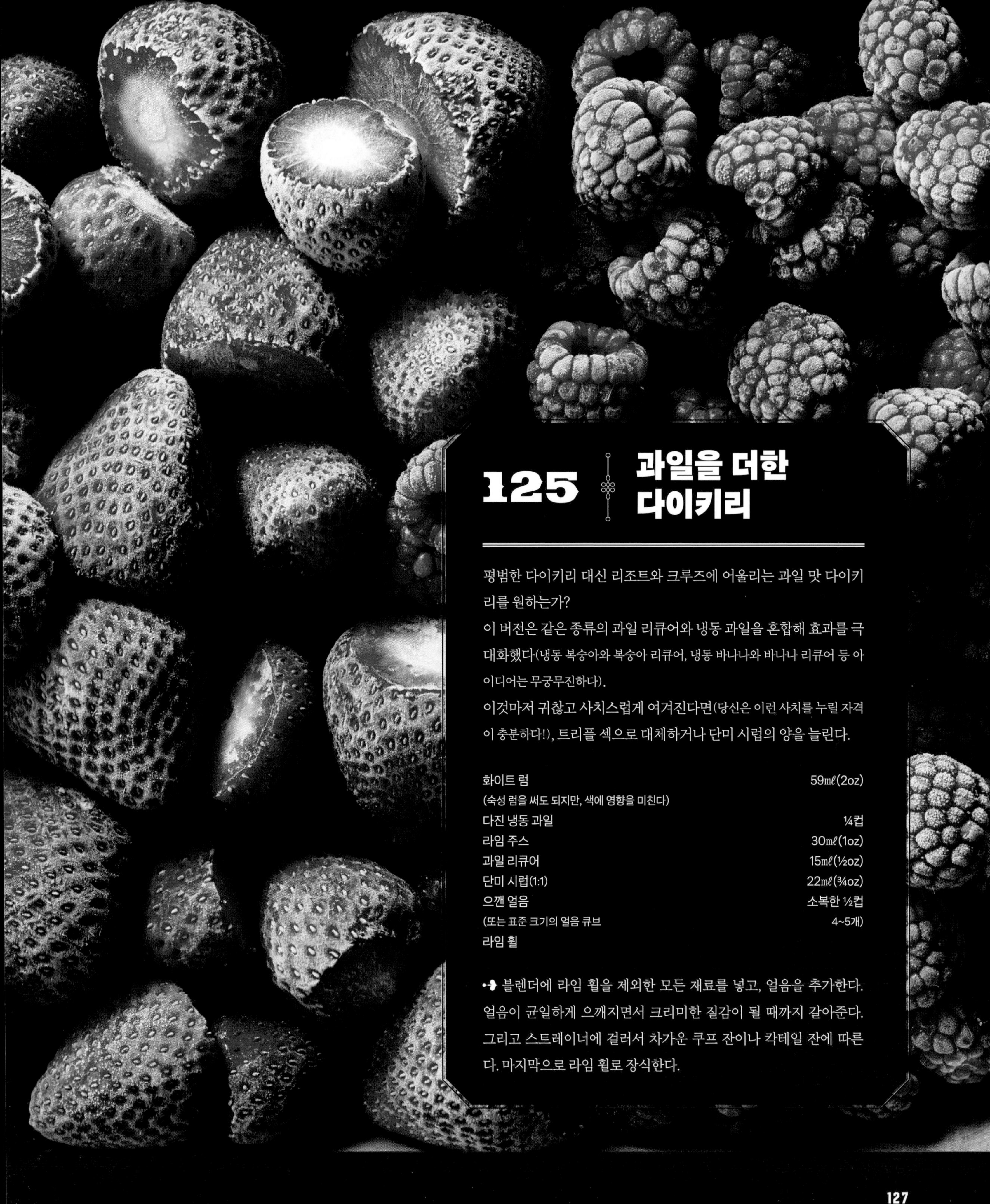

125 과일을 더한 다이키리

평범한 다이키리 대신 리조트와 크루즈에 어울리는 과일 맛 다이키리를 원하는가?
이 버전은 같은 종류의 과일 리큐어와 냉동 과일을 혼합해 효과를 극대화했다(냉동 복숭아와 복숭아 리큐어, 냉동 바나나와 바나나 리큐어 등 아이디어는 무궁무진하다).
이것마저 귀찮고 사치스럽게 여겨진다면(당신은 이런 사치를 누릴 자격이 충분하다!), 트리플 섹으로 대체하거나 단미 시럽의 양을 늘린다.

화이트 럼 (숙성 럼을 써도 되지만, 색에 영향을 미친다)	59㎖(2oz)
다진 냉동 과일	¼컵
라임 주스	30㎖(1oz)
과일 리큐어	15㎖(½oz)
단미 시럽(1:1)	22㎖(¾oz)
으깬 얼음 (또는 표준 크기의 얼음 큐브	소복한 ½컵 4~5개)
라임 휠	

➜ 블렌더에 라임 휠을 제외한 모든 재료를 넣고, 얼음을 추가한다. 얼음이 균일하게 으깨지면서 크리미한 질감이 될 때까지 갈아준다. 그리고 스트레이너에 걸러서 차가운 쿠프 잔이나 칵테일 잔에 따른다. 마지막으로 라임 휠로 장식한다.

126

아메리칸 위스키를 알아보자

17세기, 스코틀랜드인과 아일랜드인이 미국에 대거 이주하면서 미국 위스키 증류산업의 서막이 열렸다. 17세기 말까지는 라이 위스키가 지배적이었다. 그러나 정착민의 발길이 옥수수 밭이 무성한 켄터키와 테네시의 평원에 이르자, 위스키는 현재 우리에게 익숙한 옥수수 베이스로 바뀌었다.

버번위스키 흔히 버번위스키는 버번 카운티의 이름을 땄고, 버번 카운티는 초기 이민자를 도운 프랑스 왕실 일원의 이름을 땄다고 알려져 있다. 그러나 실제로는 '버번' 중에 가장 유명한 뉴올리언스의 버번 거리에서 유래했을 가능성이 높다. 전해지는 이야기에 따르면, 켄터키 위스키에 코냑 풍미(뉴올리언스 주민이 선호하는 풍미)를 더하기 위해 검게 그을린 배럴에 담아 오하이오강으로 운반했는데, 이후 사람들이 버번 거리에서 판매하는 스타일을 찾기 시작했다고 한다. 한편 버번위스키는 다음의 기준을 충족해야 한다. 첫째, 미국 본토에서 제조해야 한다. 둘째, 옥수수 함량이 최소 50%여야 한다. 셋째, 검게 그을린 미국산 새 오크 배럴에서 최소 2년간 숙성해야 한다. 이 기준은 수많은 변형을 허용하는데, 예를 들어 옥수수에 호밀, 밀 등 다른 곡물을 다양한 비율로 섞기도 한다.

테네시 위스키 버번위스키와 테네시 위스키의 결정적 차이는 두 가지 요인에서 기인한다. 첫째, 테네시 위스키는 테네시에서 생산해야 한다. 둘째, 단풍나무 숯으로 여과해야 한다. 다만 예외가 있는데, 프리처드Prichard's 테네시 위스키는 두 번째 기준을 면제받았다. 프리처드의 소유주가 잭 대니얼스 같은 위스키를 만드는 기준에 반대했기 때문이다.

라이 위스키 초창기 위스키 증류는 당시 호밀이 풍성하게 자라던 메릴랜드와 펜실베이니아를 중심으로 이루어졌다. 그러나 금주법 시행으로 위스키 생산이 중단되면서 그 명성도 함께 사라졌다. 오늘날 라이 위스키 대부분은 버번위스키와 같은 증류소에서 동일한 방식으로 제조되는데, 주요한 차이가 하나 있다. 바로 옥수수 대신 호밀 함량이 최소 51%가 돼야 한다. 라이 위스키는 알싸함, 풀내음 또는 반죽 풍미를 지니며, 맨해튼(089번 참고)이나 올드 팔(061번 참고) 등 저어서 만드는 칵테일에 어울린다.

127 클래식 위스키 사워
CLASSIC WHISKEY SOUR

오크가 위스키에 부여한 다양한 풍미와 층을 탁월하게 풀어낸 심플한 레시피다.
저렴한 버번위스키를 사용해도 괜찮지만, 중간급 위스키를 쓰면 제대로 빛을 발한다.

버번위스키	59㎖(2oz)
레몬 주스	30㎖(1oz)
단미 시럽(1:1)	15㎖(½oz)
체리와 오렌지 슬라이스	

➜ 칵테일 셰이커에 체리와 오렌지 슬라이스를 제외한 모든 재료를 넣고, 8~10초간 세차게 흔든다. 그런 다음 스트레이너에 걸러서 차가운 쿠프 잔이나 칵테일 잔에 따른다. 마지막으로 체리와 오렌지 슬라이스를 칵테일픽에 꽂아서 가니시로 장식한다.

128

검 시럽을 활용하라

클래식 위스키 사워에는 때때로 달걀흰자로 만든 하얀 거품을 얹어 보디감을 더하지만, 꼭 그럴 필요는 없다. 음료에 묵직함을 더하고 싶다면, 검 시럽(단미 시럽에 아라비아 검을 첨가해 걸쭉하게 만든 것)을 사용하면 된다. 검 시럽은 금주법 시대 이전에 유행했던 칵테일 재료이며, 음료에 약간의 점도와 벨벳 같은 매끄러움을 가미한다.

129 라임 주스를 첨가하라

나는 개인적으로 위스키 사워에 레몬 주스를 섞은 라임 주스를 살짝 첨가하는 걸 선호한다. 이때 라임과 레몬은 1:2의 비율로 섞는다. 라임 주스는 칵테일에 활기를 더하면서도 음료의 맛을 지배하거나 위스키 풍미를 해치지 않는다.

130 클래식 에비에이션 CLASSIC AVIATION

휴고 엔슬링Hugo Ensslin이 20세기 초에 처음 개발한 칵테일이다. 본래 푸른빛 자색의 바이올렛(제비꽃) 리큐어인 크렘 드 바이올렛이 들어가지만, 실제로는 이를 생략하는 경우가 많다. 만약 크렘 드 바이올렛을 구할 수 있다면, 사랑스러운 색감과 꽃향기를 즐길 수 있다.

진	59㎖(2oz)
레몬 주스	15㎖(½oz)
마라스키노	15㎖(½oz)
크렘 드 바이올렛(선택)	7.4㎖(¼oz)
체리	

➜ 칵테일 셰이커에 체리를 제외한 모든 재료를 넣고, 8~10초간 세차게 흔든다. 그런 다음 스트레이너에 걸러서 차가운 쿠프 잔이나 칵테일 잔에 따른다. 마지막으로 체리를 칵테일에 넣어서 잔 바닥에 가라앉게 한다.

131 라임 코디얼을 만들어보자

상큼한 풍미를 발산하는 라임 코디얼을 직접 만들어보고 싶은가? 그렇다면 설탕, 라임, 물만 준비하자. 소스팬에 설탕과 물을 각각 ½컵씩 넣고, 열을 가해서 설탕을 녹인다. 내용물이 자글자글 끓기 시작하면 불을 끄고, 라임 1개 분량의 껍질을 추가한다. 그리고 뚜껑을 덮고 그대로 식힌다. 소스팬의 내용물이 식으면, 라임 주스 118㎖(4oz)를 첨가한다. 이를 잘 저어서 섞은 뒤, 건더기를 걸러낸다. 이렇게 완성한 라임 코디얼을 다양하게 활용해보자. 라임 코디얼과 셀처워터를 1:3의 비율로 섞어서 톡톡 튀는 라임에이드도 만들 수 있다.

132 블루문 BLUE MOON

크렘 드 바이올렛의 맛이 마음에 든다면, 바이올렛 리큐어를 유일한 스위트너로 사용하는 블루문을 만들어보자. 클래식 에비에이션 레시피에서 마라스키노를 크렘 드 바이올렛으로 바꾸면 된다. 이때 크렘 드 바이올렛의 총량은 15㎖(½oz)다.

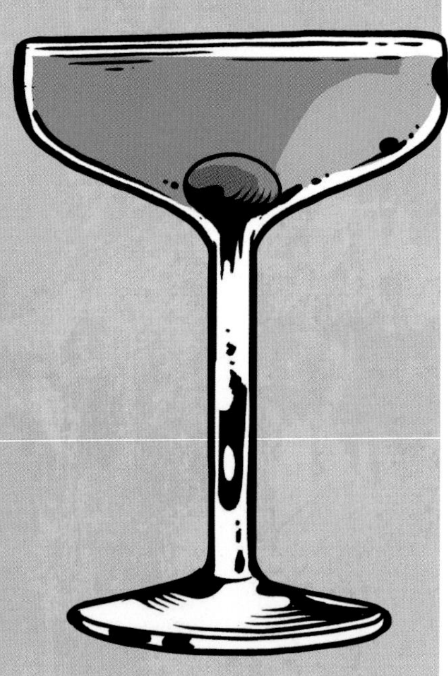

133

김렛
GIMLET

바텐더 중에는 김렛을 제대로 만들려면 라임 코디얼(로지스 라임 주스Rose's lime juice 제품 등)을 사용해야 한다고 주장하는 사람도 있다. 이들은 엄밀히 따져서 생라임 주스를 넣으면 김렛이 아니라 리키라고 말한다. 반면 김렛은 본래 라임 주스로 만드는 거라고 주장하는 사람도 있다. 어느 쪽이 맞는지 확인하고 싶다면, 아래 레시피에서 단미 시럽과 라임 주스를 라임 코디얼 22㎖(¾oz)으로 바꿔보자.

진	59㎖(2oz)
라임 주스	15㎖(½oz)
단미 시럽(1:1)	15㎖(½oz)
라임 휠	

➜ 셰이커에 라임 휠을 제외한 모든 재료를 넣는다. 여기에 얼음을 넣고 흔든 뒤 스트레이너에 걸러서 차가운 쿠프 잔이나 칵테일 잔에 따른다. 마지막으로 라임 휠로 장식한다.

134

코스모폴리탄
COSMOPOLITAN

어디서나 흔히 볼 수 있는 코스모폴리탄은 많은 다른 칵테일과 마찬가지로 정확한 기원이 불분명하다. 1970년대 클리블랜드(또는 사우스 비치나 미니애폴리스)에서 카미카제(코스모폴리탄에서 크랜베리 주스를 뺀 것)의 변형으로 개발됐다는 설도 있다. 어쩌면 1934년에 출간된 《고급 바에서 믹싱하는 선구자들Pioneers of Mixing at Elite Bars》에 나온 레시피가 최초의 코스모폴리탄일 수도 있다. 이 레시피는 보드카 대신 진, 크랜베리 주스 대신 라즈베리 시럽을 사용했다.

보드카	59㎖(2oz)
라임 주스	22㎖(¾oz)
크랜베리 주스	7.4㎖(¼oz)
오렌지 리큐어(또는 트리플 섹)	15㎖(½oz)
라임 휠	

칵테일 셰이커에 라임 휠을 제외한 모든 재료를 넣는다. 여기에 얼음을 넣고, 셰이커를 8~10초간 세차게 흔든다. 그런 다음 스트레이너에 걸러서 차가운 쿠프 잔이나 칵테일 잔에 따른다. 마지막으로 라임 휠로 장식한다.

135

크랜베리를 대체하라

코스모폴리탄에 약간의 변형을 주기 위해 크랜베리 주스 대신 석류 주스, 체리 주스 또는 사과 주스를 넣어보자.

136

시트러스 보드카를 활용하라

시트러스 보드카나 직접 시트러스를 침출한 보드카는 코스모폴리탄에 잘 어울린다. 다만 보드카 향이 너무 강해서 칵테일의 조화가 무너질 수 있으므로 플레인 보드카도 항시 구비해두자. 시트러스 보드카 30㎖(1oz)를 플레인 보드카로 대체해서 맛을 중화한다.

137 { 레몬 드롭 LEMON DROP }

1970년대 노먼 제이 홉데이Norman Jay Hobday가 샌프란시스코에 위치한 자신의 바인 헨리 아프리카스Henry Africa's에서 개발한 칵테일이다. 시트러스 베이스 칵테일이라서 메이어 레몬과도 잘 어울린다.

레몬 웨지, 입자 고운 설탕	잔 테두리에 묻힐 용도
보드카(시트러스 또는 플레인)	59㎖(2oz)
레몬 주스	22㎖(¾oz)
오렌지 리큐어(또는 트리플 섹) 또는 단미 시럽(1:1)	15㎖(½oz)
레몬 껍질 또는 레몬 휠(선택)	

•➔ 작은 그릇에 설탕을 얇은 층으로 깐다. 차가운 쿠프 잔이나 칵테일 잔 테두리에 레몬 조각을 문질러서 촉촉이 적신 뒤, 설탕에 담근 채 빙글빙글 돌려서 설탕을 골고루 묻힌다. 그리고 잔을 옆에 놓아둔다.

•➔ 셰이커에 보드카, 레몬 주스, 리큐어를 넣는다. 여기에 얼음을 추가한 뒤 세차게 흔든다. 그런 다음 스트레이너에 걸러서 준비해놓은 잔에 따른다. 마지막으로 레몬으로 장식한다.

138

프로처럼 팅크제를 만들어보자

직접 만든 팅크제(035번 참고)는 칵테일의 고유한 풍미층을 강화하는 또 다른 수단이다. 플라잉 스쿼럴 바Flying Squirrel Bar의 칼리나 골즈워디Kaleena Goldsworthy는 창의적인 팅크제를 즐겨 만든다. 그녀가 제안하는 풍미가 폭발하는 팅크제 제조법과 사용법을 알아보자.

139 핫페퍼 팅크제

HOT PEPPER TINCTURE

칠리페퍼 팅크제는 칵테일에 스파이시한 맛을 정확하게 조절해서 가미할 수 있는 좋은 방법이다. 팅크제를 넣을 때 스포이트를 사용하면, 첨가량을 더욱 미세하게 조정할 수 있다. 핫페퍼 팅크제는 블러디 메리(183번 참고)에 매우 잘 어울리며, 심지어 요리에도 활용할 수 있다. 다만 핫페퍼 팅크제를 만들 때는 장갑을 반드시 착용하고, 눈이나 다른 부위를 만지지 않도록 주의한다.

신선한 칠리(프레즈노 고추 추천)	2개(썰어 놓는다)
신선한 하바네로 칠리(씨도 함께)	½개
말린 치폴레 칠리	½개
보드카(151프루프)	118㎖(4oz)
{또는 80프루프 표준 보드카와 에버클리어	각각 59㎖(2oz)씩}

➜ 작은 병에 칠리, 하바네로 칠리, 치폴레 칠리, 보드카를 넣는다. 이때 칠리가 보드카에 푹 잠겨야 한다(필요 시 보드카를 추가한다). 그리고 어둡고 시원한 곳에 일주일간 놓아두고, 매일 한 번씩 흔들어준다. 일주일 뒤, 건더기는 걸러내고 액체만 보관한다. 맛을 보고 매운 정도를 확인한다(매운맛이 두렵다면 물 30㎖에 팅크제 1방울을 떨어뜨린다). 자, 이제 칵테일에 매운맛 좀 더해보자.

140 스파이스 인베이더

THE SPICE INVADER

스파이시한 칵테일에서 레몬 껍질은 화룡점정 같은 요소다. 레몬은 칵테일에 상쾌한 시트라스 향을 가미하고 팅크제로 인한 열기를 적당하게 식혀주며, 진저 리큐어의 단맛과 풍미는 테킬라와 시트러스의 신맛을 부드럽게 누그러뜨린다. 그리고 마지막에 핫페퍼 팅크제의 열기가 확 올라오면서 상쾌한 칵테일의 마무리를 뜨겁게 장식한다.

핫페퍼 팅크제(139번 참고)	6방울
블랑코 테킬라	44㎖(1½oz)
진저 리큐어	15㎖(½oz)
레몬 주스	7.4㎖(¼oz)
레몬 껍질	

➜ 쿠프 잔이나 칵테일 잔의 안쪽 측면에 핫페퍼 팅크제 6방울을 골고루 떨어뜨린다. 조금 더 과감해지고 싶다면, 7방울도 괜찮다. 잔을 옆에 놓아둔다.

➜ 셰이커에 테킬라, 리큐어, 레몬 주스를 넣는다. 여기에 얼음을 추가하고, 8~10초간 세차게 흔든다. 그런 다음 스트레이너에 걸러서 잔에 따른다. 레몬 껍질을 비틀어서 시트러스 오일과 함께 향이 배어나오게 한 뒤, 칵테일에 넣는다.

141 포 오렌지 팅크제
FOUR ORANGE TINCTURE

칼리나 골즈워디가 개발한 '포 오렌지 팅크제'는 한 가지 과일을 네 가지 방식으로 풀어내, 시트러스 풍미의 미묘한 차이를 다채롭게 표현한다.

오렌지(가능하면 왁스를 칠하지 않은 유기농 제품)	3개
보드카(151프루프)	148㎖(5oz)
{또는 에버클리어와 80프루프 표준 보드카	각각 74(2½oz)씩}

•➜ 오렌지 1개를 채소필러로 깎는다. 이때 껍질을 최대한 벗겨내되 과육은 가능한 한 붙어 있지 않게 한다. 오븐팬에 유산지를 깔고, 그 위에 오렌지 껍질을 놓는다. 그리고 껍질이 마를 때까지 오븐에 가장 낮은 온도로 1~2시간 굽는다.

•➜ 건조한 오렌지 껍질을 하나하나 떼어 내서 작은 병에 담는다. 그리고 오렌지 반 개만 껍질을 까서 유리병에 넣는다. 나머지 반 개는 껍질을 까지 않은 채로 다져서 껍질과 과육을 그대로 유리병에 추가한다.

•➜ 마지막 오렌지 반 개의 껍질을 깐다. 오렌지 껍질을 오븐팬에 놓고, 오븐에 돌려서 바짝 건조한다. 그런 다음 오븐의 브로일러 모드로 오렌지 껍질의 가장자리를 그을린다. 이때 껍질이 매우 빠르게 타들어갈 수 있으므로 주의해서 지켜본다. 그을린 오렌지 껍질을 오븐에서 꺼내 식힌다.

•➜ 그을린 오렌지 껍질을 찢거나 다진 다음 유리병에 추가한다. 여기에 보드카를 부어서 오렌지 껍질이 잠기게 한다. 유리병을 어둡고 서늘한 곳에 3주간 놓아두고, 매일 한 번씩 흔들어준다. 3주 뒤 건더기는 걸러내고, 액체만 보관한다.

142 파이널 포
THE FINAL FOUR

파이널 포는 라이트하고 단맛이 거의 없는 매력적인 칵테일이다. 포 오렌지 팅크제의 네 가지 매력을 활용해서 다채로운 풍미를 쌓아올렸다. 그을린 오렌지는 풍성함과 깊이를 더한다.

보드카	37㎖(1¼oz)
포 오렌지 팅크제(141번 참고)	7.4㎖(¼oz)
허브 베르무트	7.4㎖(¼oz)

(돌랭 베리타블 제네피 데 알프**Dolin Véritable Génépy des Alpes** 추천)
셀처워터
오렌지 껍질

•➜ 락 잔이나 올드 패션드 잔에 얼음을 넣는다. 그리고 보드카, 포 오렌지 팅크제, 허브 베르무트를 추가한 뒤 셀처워터로 잔을 채운다. 오렌지 껍질의 바깥쪽을 음료에 대고 꼬집듯 짠 뒤 칵테일에 떨어뜨려서 장식한다.

USBG | 오스틴 지부

✦ 패트릭 루시에 ✦

바텐더

143

윌라 브라운

WILLA BROWN

클래식 에비에이션의 버번위스키 버전으로, 윌라 브라운이라는 이름은 켄터키 출신 비행사이자 로비스트, 교사, 민권운동가인 윌라 베아트리스 브라운Willa Beatrice Brown의 이름을 딴 것이다.

버번위스키	44㎖(1½oz)
레몬 주스	22㎖(¾oz)
마라스키노 리큐어	15㎖(½oz)
크렘 드 바이올렛	7.4㎖(¼oz)
라임 휠	

➜ 칵테일 셰이커에 라임 휠을 제외한 모든 재료를 넣는다. 여기에 얼음을 추가한 뒤 8~10초간 세차게 흔든다. 그런 다음 스트레이너에 걸러서 차가운 쿠프 잔이나 칵테일 잔에 따른다. 마지막으로 라임 휠로 장식한다.

USBG | 뉴올리언스 지부

✦ T. 콜 뉴턴 ✦

오너이자 헤드 바텐더

트웰브 마일 리밋 TWELVE MILE LIMIT

144

보댕

THE BAUDIN

보댕이라는 이름은 뉴올리언스 거리의 이름을 딴 것으로, 프랑스 소시지 부댕boudin과는 다르니까 혼동하지 말자. 보댕은 위스키 사워를 흥미롭게 변형한 버전으로, 혀가 화끈거리지 않을 정도의 가벼운 자극을 주는 알싸한 맛을 띤다. 당신의 선호도를 크게 벗어나지 않으면서도 색다른 맛을 원한다면, 보댕에 도전해보자.

버번위스키	44㎖(1½oz)
레몬 주스	15㎖(½oz)
진한 꿀 시럽(2:1)	22㎖(¾oz)
타바스코 소스	1대시
레몬 껍질	

➜ 칵테일 셰이커에 레몬 껍질을 제외한 모든 재료를 넣는다. 여기에 얼음을 추가한 뒤 8~10초간 세차게 흔든다. 그런 다음 스트레이너에 걸러서 신선한 얼음이 든 락 잔이나 올드패션 잔에 따른다. 마지막으로 레몬 껍질을 음료에 대고 비틀어 짠 뒤(시트러스 오일 추출) 잔에 넣는다.

USBG | 필라델피아 지부

✦ 라이언 시프먼 ✦ 바 매니저

145 { 라인드 유어 오운 비즈니스 }

RIND YOUR OWN BUSINESS

상쾌한 과일 풍미의 맞춤형 음료를 찾는 손님을 위해 개발한 칵테일이다. 보드카와 진의 조합이 어떻게 은은한 식물 풍미를 만들어내는지 잘 보여준다.

진	30㎖(1oz)
보드카	30㎖(1oz)
레몬 주스와 라임 주스 섞은 것	22㎖(¾oz)
단미 시럽	7.4㎖(¼oz)
앙고스투라 비터스 또는 아로마틱 비터스	2대시
자몽 비터스	3대시
레몬 껍질	

➜ 칵테일 셰이커에 레몬 껍질을 제외한 모든 재료를 넣는다. 여기에 얼음을 추가하고, 8~10초간 세차게 흔든다. 그리고 스트레이너에 걸러서 쿠프 잔이나 칵테일 잔에 따른다. 마지막으로 레몬 껍질을 음료에 대고 비틀어 짠 뒤(시트러스 오일 추출) 잔에 떨어뜨린다.

USBG | 세인트루이스 지부

✦ 앤드루 돌린키 ✦

바텐더 | 클리블랜드 히스Cleveland Heath

146 

샤크 갓 오브 몰로카이
SHARK GOD OF MOLOKAI

이 칵테일의 이름은 한 폴리네시아학 교수가 상어 신에 관한 전설에서 따온 것이다. 전설에 따르면, 상어 신은 카말로 사제가 자신의 아들을 죽인 쿠파 족장에게 복수하는 것을 돕는다. 상어 신은 폭풍을 일으켜 족장을 바다에 가라앉힌 뒤 잡아먹었다. 이 위스키 베이스의 티키 칵테일은 과일과 허브 풍미가 폭풍처럼 휘몰아치며, 비터스 층은 피로 물은 붉은 바다를 상징한다.

버번위스키	44mℓ(1½oz)
스웨디시 펀치	22mℓ(¾oz)
압생트	7.4mℓ(¼oz)
레몬 주스	22mℓ(¾oz)
파인애플 주스	30mℓ(1oz)
크리올 비터스 또는 페이쇼즈 비터스	2대시
민트	

•➔ 셰이커에 비터스와 민트를 제외한 모든 재료를 넣는다. 여기에 얼음을 추가하고, 8~10초간 세차게 흔든다. 그리고 스트레이너에 걸러서 차가운 쿠프 잔이나 칵테일 잔에 따른다. 그런 다음 비터스로 칵테일 윗면에 줄을 그린다. 마지막으로 민트로 장식해서 '상어 지느러미'를 표현한다.

USBG | 샌프란시스코 지부

윌리엄 프레스트우드 ✦ 바텐더 | 페이건 아이돌Pagan

147 { 쿼런틴 오더 QUARANTINE ORDER }

티키 바텐더 돈 더 비치콤버Don the Beachcomber가 만든 유명한 버전은 자몽과 시나몬이 중심인 반면, 윌리엄 프레스트우드William Prestwood는 비터스의 강렬한 시나몬 풍미에 주목했다. 그리고 자신이 좋아하는 럼과 시나몬을 혼합해 비터스 중심의 트로피컬 칵테일을 만들었다.

패션프루트 시럽*	15mℓ(½oz)
데메라라 시나몬 시럽**	2¼티스푼
데니즌 머천츠 리저브 럼Denizen Merchant's Reserve rum (자메이카와 마르티니크의 럼을 혼합한 것)	44mℓ(1½oz)
해밀턴 데메라라 86 럼Hamilton Demerara 86 rum	15mℓ(½oz)
자몽 주스	30mℓ(1oz)
라임 주스	15mℓ(½oz)
앙고스투라 비터스	7대시
라임 휠과 체리(깃발 모양으로 만든 것, 253번 참고)	
민트 잔가지	

* **패션프루트 시럽 만들기** 패션프루트 퓨레 266mℓ(9oz), 물 30mℓ(1oz), 설탕 425g(15oz)을 소스팬에 넣고, 완전히 녹을 때까지 가열한다.

** **데메라라 시나몬 시럽 만들기** 물 1컵, 시나몬 스틱 1개, 데메라라 설탕 1½컵을 소스팬에 넣고 가열한다.

•➔ 칵테일 셰이커에 라임 휠과 체리, 민트 잔가지를 제외한 모든 재료를 넣는다. 얼음은 넣지 않은 상태에서 셰이커를 흔들거나 저어서 재료를 혼합한다. 잔에 으깬 얼음을 넣고, 칵테일을 붓는다. 라임 휠과 체리를 깃발 모양으로 만들어서 장식하고, 민트 잔가지는 손바닥에 올려서 다른 손바닥으로 때린 뒤 잔에 올린다.

148

티키 칵테일

대나무 바닥과 나무 가면으로 장식된 폴리네시아식 바는 독특한 분위기를 자아낸다. 이런 분위기는 1930년대에 돈 더 비치콤버가 처음 시작한 바 문화의 일환이며, 이로 인해 칵테일을 즐기는 경험이 한층 풍부해졌다.

USBG | 샌프란시스코 지부

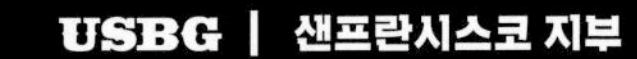

✦ 윌리엄 프레스트우드 ✦

바텐더 | 페이건 아이돌Pagan Idol

149

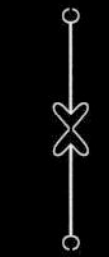

마이 타이
MAI TAI

오늘날 우리가 사랑하는 마이 타이는 1994년에 트레이더 빅Trader Vic이 캘리포니아 오클랜드에서 개발한 칵테일이다(이것은 사실이다. 반대하는 자들은 사라져라!). 마이 타이라는 이름은 타히티어 '마이 타이 로아mai tai roa'에서 유래한 것으로 의역하면 '이 세계의 밖'이라는 뜻이다. 전해지는 이야기에 따르면, 트레이더 빅이 운영하는 바에 타히티 친구들이 찾아왔는데, 그들이 칵테일을 마시고 보인 반응에서 딴 이름이라고 한다.

자메이카 럼 (애플턴 에스테이트Appleton Estate 12년 추천)	30㎖(1oz)
데니즌 머천츠 리저브 럼	30㎖(1oz)
라임 주스	22㎖(¾oz)
드라이 퀴라소	15㎖(½oz)
오르쟈(아몬드 시럽)	15㎖(½oz)
단미 시럽(물:설탕=1:1½)	7.4㎖(¼oz)
민트 잔가지	
라임 휠	

•➔ 칵테일 셰이커에 민트 잔가지와 라임 휠을 재외한 모든 재료를 넣는다. 여기에 얼음을 추가하고, 8~10초간 세차게 흔든다. 그런 다음 스트레이너에 걸러서 차가운 유리잔에 따른다. 마지막으로 라임 휠과 민트 잔가지로 장식한다.

USBG | 샌프란시스코 지부

대니얼 '닥' 파크스 ✦ 음료파트 책임자 | 페이건 아이돌Pagan Idol

150 { 마이 타이 플로트 MAI TAI FLOAT }

마이 타이를 변형한 버전으로 샌프란시스코에 위치한 페이건 아이돌에서 선보이는 칵테일이다. 일단 한번 맛보면, 노력해서 만든 보람이 느껴질 것이다.

패셔놀라 골드*	7.4mℓ(¼oz)
데니즌 머천트 리저브 럼	44mℓ(1½oz)
산타 테레사 1796	15mℓ(½oz)
라임 주스	30mℓ(1oz)
콩비에Combier (브랜디 베이스의 숙성된 시트러스 리큐어)	22mℓ(¾oz)
오르쟈(아몬드 시럽)	15mℓ(½oz)
하우스 플로트**	15mℓ(½oz)
민트 잔가지	
과일 스틱(체리 2개, 파인애플 1조각)	
칵테일 우산 장식	

* **패셔놀라 골드 만들기** 소스팬에 열대과일 퓨레 296mℓ(10oz)와 설탕 425g(15oz)을 넣고, 설탕이 녹을 때까지 가열한다.

➜ 칵테일 셰이커에 패셔놀라 골드, 럼, 산타 테레사, 라임 주스, 콩비에, 오르쟈, 으깬 얼음을 넣는다. 그런 다음 8~10초간 세차게 흔든 뒤, 큰 락 잔이나 올드 패션드 잔에 한꺼번에 붓는다. 그 위에 하우스 플로트를 추가한다. 마지막으로 과일 스틱, 민트 잔가지, 칵테일 우산을 꽂아 장식한다.

** 하우스 플로트는 페이건 아이돌의 직원들이 좋아하는 모든 재료를 섞은 것으로 데메라라 럼, 올로로소/페드로 X 셰리, 크렘 드 카카오, 아마로, 오렌지 오일 그리고 사랑과 마법이 들어간다.

USBG | 샌프란시스코 지부

✦ **대니얼 '닥' 파크스** ✦

음료파트 책임자 | 페이건 아이돌Pagan Idol

151

자메이칸 스코피언 볼
JAMAICAN SCORPION BOWL

스코피언은 남태평양에서 유래한 몇 안 되는 트로피컬 칵테일이다. 페이건 아이돌 칵테일 바의 직원이 클래식 스코피언에 자메이카 럼을 넣어서 폭발적인 풍미를 발산하는 칵테일로 발전시켰다. 이 칵테일은 최소 두 명이 나눠 마시도록 만든 킹사이즈 음료다. 그러니 꼭 친구와 나눠 마시자!

오버프루프 화이트 럼	44mℓ(1½oz)
숙성 자메이카 럼	44mℓ(1½oz)
VS 코냑	30mℓ(1oz)
오렌지 주스	118mℓ(4oz)
레몬 주스	59mℓ(2oz)
오르쟈(아몬드 시럽)	44mℓ(1½oz)
데메라라 시나몬 시럽(147번 참고)	1티스푼
시나몬 스틱	
치자꽃	

➜ 블렌더에 시나몬 스틱과 치자꽃을 제외한 모든 재료와 으깬 얼음을 넣고, 5초간 간다. 그런 다음 스코피언 볼(와히니 볼)에 붓고, 큐브 얼음을 조금 넣는다. 시나몬 스틱을 강판에 갈아서 음료 위에 뿌리고, 치자꽃을 올려 장식한다. 그리고 매우 긴 빨대를 꽂아서 마신다.

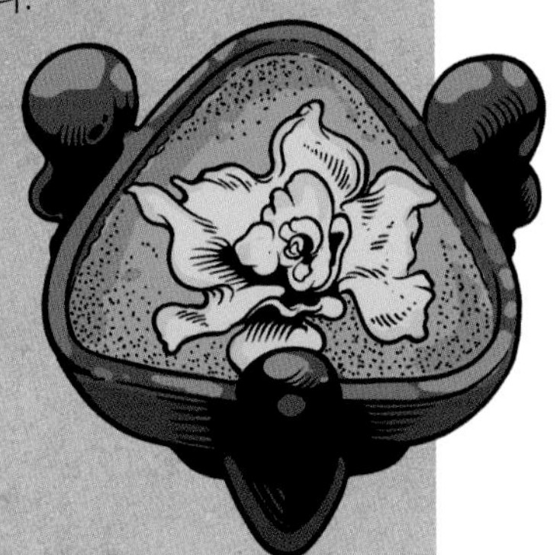

152

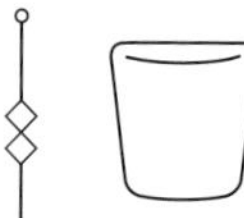

토미스 마르가리타
TOMMY'S MARGARITA

마르가리타의 정확한 기원에 대해서는 의견이 분분하다. 하지만 30년 전, 샌프란시스코의 토미스 멕시칸 레스토랑에서 훌리오 베르메호Julio Bermejo로 인해 유명해진 이 버전은 논란의 여지가 없다. 이 칵테일은 라임 주스와 아가베 스위트너가 테킬라의 특징을 가장 잘 보여줄 수 있도록 심플하게 설계됐다. 또한 아가베가 칵테일의 풍미를 지배하는 것이 아닌, 아가베 증류주의 미묘한 맛을 느낄 수 있다.

맛있는 마르가리타를 만들려면, 100% 아가베 테킬라를 사용해야 한다. 베르메호는 이 레시피를 개발할 때 아가베 51%와 설탕 49%로 구성된 대량생산용 테킬라부터 제외했다(이런 테킬라는 다음 날 숙취에 시달릴 가능성이 100%다). 이 변화 때문에 마르가리타를 만드는 비용은 300%만큼 올랐는데, 베르메호는 부모님 가게라서 해고될 위험이 없었던 덕에 이런 칵테일을 개발할 수 있었다고 고백했다. 언뜻 어리석고 극단적이며 미친 짓처럼 보이지만, 그 결과 환상적인 마르가리타가 탄생했다.

또 다른 중요한 재료는 아가베 단미 시럽이다. 베르메호가 트리플 섹보다 단미 시럽을 선호한 덕분에 아가베 단미 시럽이 개발됐다. 아가베 스위트너만 준비되면, 그 다음은 일사천리다.

완벽한 마르가리타를 만들기 위한 마지막 팁은 라임 주스를 미리 만들지 말고, 칵테일에 바로 짜 넣는 것이다. 베르메호는 이에 대해 다음과 같이 말했다. "신선함은 임신과도 같다. 임신했거나 안 했거나 둘 중 하나다."

100% 아가베 테킬라
59㎖(2oz)

갓 짠 라임 주스
30㎖(1oz)

아가베 단미 시럽(1:1)
30㎖(1oz)

칵테일 셰이커에 으깬 얼음과 함께 모든 재료를 넣는다. 그리고 8~10초간 세차게 흔든 뒤 큰 락 잔이나 올드 패션드 잔에 붓는다.

153

고지대와 저지대 테킬라

대부분 테킬라는 스타일에 따라 고지대와 저지대(골짜기) 두 분류로 나뉜다. 넓은 의미에서 저지대 스타일 테킬라는 숙성하지 않은 경우 톡 쏘는 맛이 비교적 강하며 흙, 녹색, 채소 풍미가 더 짙다. 저지대 테킬라는 보통 새 배럴에서 숙성하기 때문에 위스키, 코냑과 비슷한 특징과 핵과류 풍미를 띤다. 고지대 테킬라는 어릴 때 스파이시함과 시트러스 풍미를 띤다. 일반적으로 여러 세대를 거친 중성적 배럴에서 숙성하며, 익힌 시트러스와 겨울 향신료 풍미를 띤다.

➜ 테킬라를 이처럼 단순하게 분류하는 방식에는 문제가 있다. 왜냐하면 모든 테킬라에 들어가는 아가베의 70%가 고지대에서 나오기 때문에 스타일에 따른 분류 자체가 애매하다. 숙성 방식도 명확한 규정이 있다기보다 증류소의 기호에 따른 것이다. 예를 들어, 한 지역에서 생산한 두 테킬라를 같은 기간 동안 숙성한다고 가정해보자. 하나는 중성적 배럴, 다른 하나는 새 배럴에 숙성하면, 결과물은 서로 극명하게 다를 것이다. 오크의 영향력을 어떻게 조절할지는 스타일의 문제다. 어떤 스타일이 더 낫거나 별로인 것도 아니고, 어느 맛이 더 좋거나 나쁜 것도 아니다. 결국 손님 개개인의 취향에 따른 문제인 것이다.

154

블렌더 통을 활용하라

마르가리타를 마시러 토미스를 방문하면, 독특한 광경을 목격하게 된다. 바텐더들이 보스턴 셰이커 대신 블렌더 통을 흔들고 있다. 그런데 정작 블렌더는 사용하지 않고, 블렌더 통만 이용한다.

과거에는 블렌더에 섞어둔 마르가리타를 주문해서 마셨기 때문에 블렌더 통이 항상 준비돼 있었다. 토미스도 블렌더 통을 활용한 실용적인 아이디어를 여기서 착안했다. 베르메호의 말에 따르면, 마르가리타를 한 잔만 주문하는 사람은 없다고 한다. 블렌더 통은 두 잔을 한꺼번에 만들 수 있으며, 심지어 네 잔까지도 단번에 해결할 수 있다.

USBG | 샌프란시스코 지부

✦ 엔리케 산체스 ✦

바 디렉터 | 아르겔로 레스토랑Arguello Restaurant

155

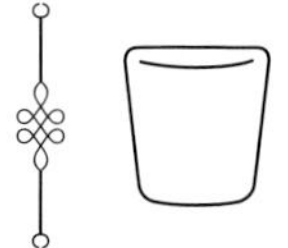

피스코 사워

PISCO SOUR

피스코 증류주와 피스코 사워의 원산지가 어디인지는 칠레와 페루 간의 영원한 논쟁거리다. 어느 쪽이 맞는지 모르겠지만, 우리는 달걀을 생략한 칠레 버전보다 페루 출신 바텐더 엔리케 산체스Enrique Sanchez의 클래식 버전을 선호한다. 산체스는 가족 행사에서 바텐더 일을 처음 접한 이후, 라 마르La Mar의 샌프란시스코 지점에서 일주일에 수천 잔의 칵테일을 만드는 베테랑으로 빠르게 성장했다.

케브란타Qubranta 그레이프 피스코	89㎖(3oz)
단미 시럽(1:1)	30㎖(1oz)
라임 주스 또는 키 라임 주스	30㎖(1oz)
달걀흰자(큰 달걀 1개 분량)	30㎖(1oz)
앙고스투라 비터스	

•➧ 비터스를 제외한 모든 재료를 리버스 드라이 셰이킹 기법(157번 참고) 또는 블렌더 기법(158번 참고)으로 섞는다. 칵테일 거품 위에 비터스를 군데군데 떨어뜨려서 장식한다.

USBG | 샌프란시스코 지부

엔리케 산체스 ✦ 바 디렉터 | 아르겔로 레스토랑Arguello Restaurant

156

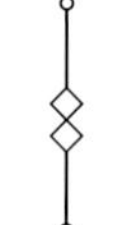

마라쿠야 피스코 사워

MARACUYÁ PISCO SOUR

마라쿠야(패션프루트)는 페루에서 풍족하게 재배되는 과일이다. 톡 쏘는 맛이 일품인 마라쿠야는 칵테일에 황홀한 풍미를 더하면서도 이탈리아 포도가 베이스인 피스코의 꽃 풍미를 해치지 않는다.

이탈리아 그레이프 피스코	74(2½oz)	단미 시럽(1:1)	30㎖(1oz)
패션프루트 퓨레	22㎖(¾oz)	달걀흰자(큰 달걀 1개 분량)	30㎖(1oz)
라임 주스	15㎖(½oz)	페이쇼즈 비터스	

•➧ 비터스를 제외한 모든 재료를 리버스 드라이 셰이킹 기법(157번 참고) 또는 블렌더 기법(158번 참고)으로 섞는다. 칵테일 거품 위에 비터스를 군데군데 떨어뜨려서 장식한다.

USBG | 로스앤젤레스 지부

마르코스 테요 ✦ 바 & 스피릿Bar & Spirits 컨설턴트

157

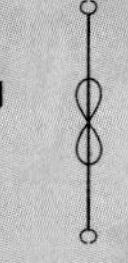

리버스 드라이 셰이킹 기법

칵테일에 크림이나 달걀을 넣어서 독특한 질감을 표현하고 싶을 때, 리버스 드라이 셰이킹 기법을 사용한다. 그리스 바텐더 아리스토텔리스 파파도풀로스Aristotelis Papadopoulos가 개발한 기법으로, 거품과 실크처럼 부드러운 질감을 만들어낸다. 음료에 달걀흰자를 넣고 셰이킹하면, 달걀의 단백질이 분해되면서 액체, 공기와 혼합돼 풍성한 질감을 완성한다.

•➧ 셰이커에 모든 재료를 넣고, 얼음이 없는 상태(드라이 셰이킹)에서 10초간 흔든다. 여기에 얼음을 추가하고, 10초간 또 흔든다. 그런 다음 얼음을 걸러내고, 다시 10초간 셰이커를 흔든다.

•➧ 사워를 만드는 경우, 음료를 스트레이너에 걸러서 유리잔에 담는다. 피즈를 만드는 경우, 미세한 스트레이너를 사용한다. 여기에 소다수를 추가하면, 근사하고 쫀쫀한 거품이 올라와서 완벽한 자태의 피즈가 완성된다.

USBG | 샌프란시스코 지부

✦ 엔리케 산체스 ✦

바 디렉터 | 아르겔로 레스토랑 Arguello Restaurant

158

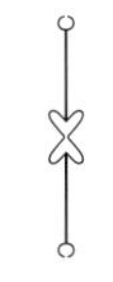

블렌더 기법으로 피스코 사워를 만들어보자

피스코 사워를 셰이커로 한 잔씩 만드는 대신, 블렌더로 여러 잔을 한꺼번에 만들 수 있다. 비터스를 제외한 모든 재료를 블렌더에 넣고, 얼음 큐브 몇 조각을 추가한다. 그리고 거품이 올라올 때까지 섞는다. 그런 다음 스트레이너에 걸러서 올드 패션드 잔이나 락 잔에 붓는다.

비터스 리큐어 BITTER LIQUEURS

알코올에 약초, 뿌리, 향신료, 식물 등을 추출해 치료용 토닉을 만드는 방법은 기원전 4세기로 거슬러 올라간다. 당시 히포크라테스Hippocrates는 몸과 마음의 균형을 찾기 위해 와인과 허브를 혼합했다.

159

비터스 리큐어의 역사

히포크라테스식 와인을 만드는 관행은 증류주의 발전과 함께 이어졌다. 이 방법이 처음 발견됐을 당시에 증류된 액체는 대부분 치료제로 여겨졌다.

이탈리아어로 아마로amaro, 프랑스어로 아메르amer라 불리는 비터스 리큐어는 기본적으로 나무껍질, 허브, 뿌리 등 온갖 약용 재료를 베이스로 한다. 대부분 비터스에는 용담(해열 등의 효능)과 기나피(말라리아 예방 등의 효능)가 들어가며, 풍미를 내기 위해 오렌지 껍질을 첨가한다. 허브의 경우, 구충제 역할을 한다고 알려진 약쑥, 서양톱풀, 루바브 등이 주로 사용되며, 쓴맛을 내기 위해 홉hop을 첨가하기도 한다.

치료용 증류주는 수도회의 영역이었다. 특히 카르투지오 수도회는 고산 허브를 이용해서 샤르트뢰즈 리큐어와 야생쑥 아페리티프를 만드는 것으로 유명했다. 17세기에 수도승들은 론 알프스 지역에 서식하는 수백 가지 이상의 허브를 사용해서, 수명을 연장한다고 알려진 신비로운 영약을 만들기 시작했다. 아직 완벽한 비터스의 형태는 아니었지만, 미래의 아페리티프와 디제스티프의 토대를 마련했다.

비터스 리큐어의 의학적 효능은 임상적으로 검증된 사실은 아니지만, 사회적 효능은 확실히 존재하는 듯하다. 비터스 리큐어를 한 모금 마신 친구의 얼굴을 살펴보면, 그 사실을 확인할 수 있다.

160

페르넷의 역사를 알아보자

미국은 금주법 시대에 의약품으로 페르넷의 판매를 허용했다. 주류·담배·무기류 단속국ATF 직원들이 페르넷을 맛보곤, 이렇게 끔찍한 맛을 즐길 사람은 없을 거라고 판단했기에 판매를 허용한 것이다. 향신료와 민트 풍미의 씁쓸한 리큐어를 처음부터 좋아하긴 힘들지만, 한번 익숙해지면 좋아하지 않을 수 없다.

161

비터스는 누가 개발했을까

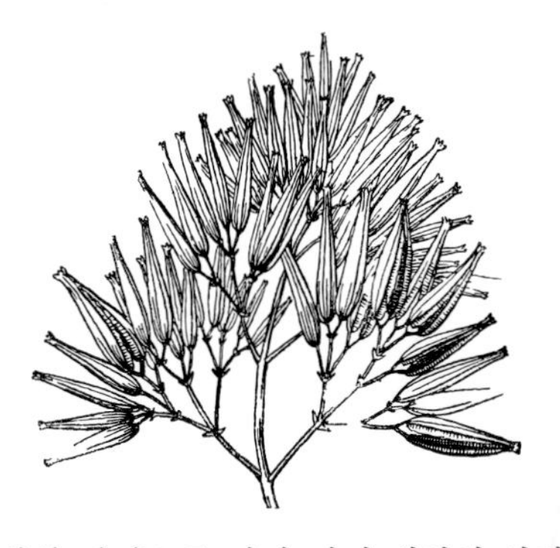

현대식 비터스를 가장 먼저 개발한 사람 중 하나는 19세기 중반에 프랑스군에 복무하던 카에탕 피콩Gaëtan Picon이다. 피콩은 알제리에서 수인성 말라리아에 감염돼 고열에 시달리는 동료를 위해 오렌지 껍질, 용담, 기나피로 시험 삼아 치료제를 만들었다. 결과는 매우 성공적이었다. 그는 집에 돌아오자마자 상업적 생산에 돌입했고, 이에 최초의 프랑스 비터스 아페리티프 중 하나인 아메르 피콩이 출시됐다.

한편 밀라노에서는 가스파레 캄파리Gaspare Campari가 기나피, 허브, 시트러스 과일을 혼합해서 강렬한 붉은색 아페리티보를 개발했다. 이는 이탈리아 전역에 빠르게 확산했다. 독특한 색을 지닌 캄파리의 인기는 이탈리아를 넘어 다른 나라에까지 빠르게 퍼져 나갔고, 아메리카노와 네그로니 칵테일의 인기에 힘입어 비터스의 인기는 더욱 높아졌다.

밀라노에서는 페르넷 브랑카도 개발됐다. 베르나르디노 브랑카Bernardino Branca가 스웨덴 의사의 레시피를 기반으로 만든 것으로, 사프란, 커피, 루바브, 민트, 알로에, 주니퍼 등 재료가 40여 가지에 달했다.

이 모든 비터스를 기반으로 지역마다 다양한 변형이 등장했고, 마침내 약용적 특성보다 풍미에 치중한 오늘날 비터스 모습을 갖추게 됐다. 현대식 진이 강력한 주니퍼 풍미를 부드럽게 완화한 것과 같이, 비터스 리큐어도 창의적 방식으로 쓴맛을 균형 있게 조절하고 과일과 특색 있는 지역 특산물을 중심으로 풍미를 구성하고 있다.

162 비터스 제조법의 핵심

비터스는 브랜드와 제조법에 따라 다르지만, 대부분 고온/저온 침출법과 증류법을 사용하고, 식물 추출물을 혼합해서 만든다. 알코올 함량과 색은 브랜드마다 상이하지만, 설탕이나 스위트너 종류는 반드시 들어간다. 어쨌든 설탕 한 스푼만 있으면 아무리 쓴 약이라도 먹기 쉬워지니 말이다!

163

비터스를 원샷하라

비터스 리큐어는 식전주와 식후주 크게 두 개로 분류된다. 비터스에는 소화기관에 영향을 미치는 식물 재료가 들어가는데, 주로 식욕을 돋우거나 소화를 돕는 역할을 한다.

아페리티보/아페리티프

일반적으로 밝거나 옅은 색을 띤다. 주로 소다수나 와인을 섞거나, 둘 다 넣어서 스프리츠(068번 참고)를 만든다. 식사 전에 스낵과 함께 마시며, 올리브, 견과류, 포테이토칩과 같은 술안주와 잘 어울린다.

디제스티보/디제스티프

보통 어두운 색을 띠며, 향과 당이 첨가돼 있다. 전통적으로 식후에 소화를 돕거나 위를 자극해서 소화를 돕는다.

칵테일 비터스

당은 최소한만 첨가하거나 무가당이며, 농축된 상태다. 단독으로 마시는 경우는 드물며, 사촌 격인 디제스티프와 공통점이 많다. 똑같은 레시피를 바탕으로 비터스 리큐어를 만들기 시작한 칵테일 비터스 회사들이 많다.

164 파티오 & 풀사이드 칵테일을 선택하라

햇살이 감미롭게 내리쬐는
따스한 날씨에
칵테일파티를 즐겨보자.

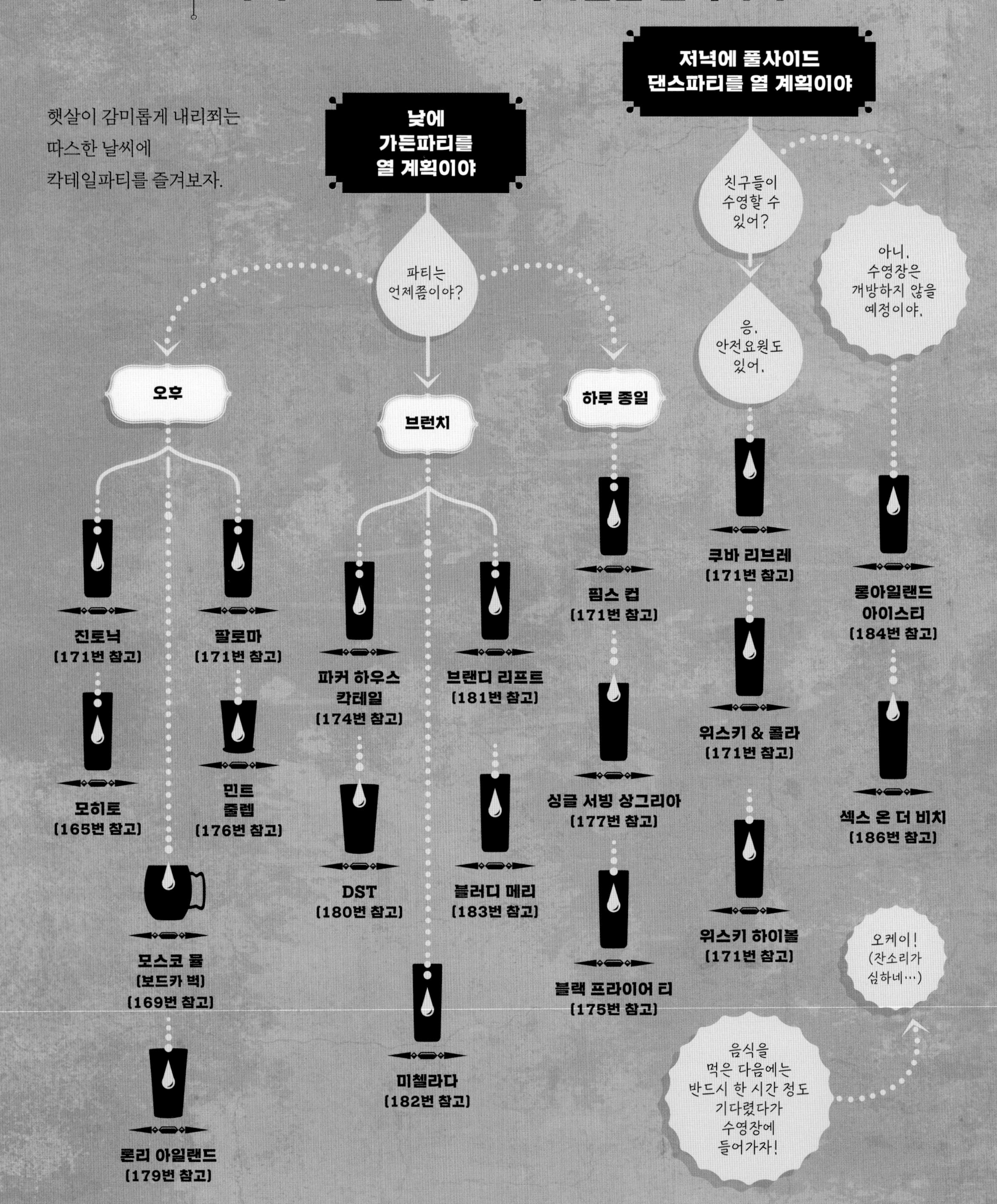

165

모히토

MOJITO

모히토의 정확한 기원은 불명확하지만, 쿠바가 원산지라는 사실은 잘 알려져 있다. 전해지는 얘기에 따르면, 프랜시스 드레이크Francis Drake가 16세기에 모히토의 초기 버전을 개발했다고 한다. 한편 19세기에 쿠바 사탕수수밭에서 일하던 노예들이 개발했다는 주장도 있다. 그러나 무더운 여름날 모히토가 최고라는 사실에는 모두가 동의한다.

민트 잎	15장
라임	22㎖(¾oz)
단미 시럽(1:1)	22㎖(¾oz)
라이트 럼	59㎖(2oz)
클럽 소다	30㎖(1oz)
민트 잔가지	
라임 휠	

•➔ 믹싱글라스에 민트 잎, 라임, 단미 시럽을 넣고 머들링을 해서 민트 오일을 추출한다. 이때 민트 잎이 찢어지지 않게 주의한다.

•➔ 믹싱글라스에 얼음을 채운 다음 럼과 소다를 추가한다. 풍미가 배이도록 잘 저은 다음 콜린스 잔에 붓는다. 마지막으로 민트 잔가지와 라임으로 장식한다.

166 머들링의 기초

얼핏 머들링은 재료를 사정없이 짓이기는 것처럼 보이지만, 올바른 머들링은 칵테일에 상쾌함만 더할 뿐 쓴맛은 보태지 않는다. 데이비드 네포브David Nepove가 알려주는 머들링의 기초를 배워보자.

현명하게 선택하라 염색하거나 색을 칠한 머들러는 과거에만 쓰던 것이다. 또한 얇은 머들러를 사용하면, 유리잔 바닥에 있는 재료들을 일일이 쫓아다녀야 한다. 그러므로 베이스가 넓은 머들러를 추천한다.

안전에 주의하라 칵테일 재료를 머들링할 때는 항상 믹싱틴이나 강화유리 믹싱글라스를 사용하자. 모든 유리제품이 머들링의 충격을 견딜 수 있는 건 아니다. 만약 작은 유리조각이 떨어져 나와서 누군가 삼키기라도 한다면 큰일이다. 조금이라도 불안한 요소가 있다면, 믹싱틴을 쓰는 것이 바람직하다.

167 딱 적당하게 머들링하는 법

머들링은 적당한 힘이 필요하지만, 이건 마라톤 경주가 아니다. 머들러로 충분한 압력을 가하면 민트 잎이나 베리류는 3~5번이면 충분하다. 그리고 오이, 할라페뇨, 시트러스는 5~10번 강하게 돌리듯 짓누르면 충분하다. 머들링은 너무 지나쳐도, 모자라도 안 된다. 머들링이 과하면 시간 낭비인 데다 칵테일의 쓴맛이 강해지고, 머들링이 부족하면 칵테일의 맛이 밋밋해진다.

➜ **1단계** 믹싱틴이나 강화유리잔에 모든 재료를 넣고, 스위트너나 주스를 추가한다.

➜ **2단계** 머들러를 손에 쥐고, 빙글빙글 돌리듯 강하게 내리누른다.

➜ **3단계** 허브, 과일, 채소 등 여러 재료를 머들링하는 경우, 단계별로 나눠서 진행한다. 처음에는 가장 단단한 재료부터 넣고 한두 번 머들링한다. 그런 다음 두 번째로 단단한 재료를 추가해서 머들링한다. 이런 식으로 가장 단단한 재료에서 무른 재료 순서로 으깨다가 마지막에 허브처럼 가장 여린 재료로 마무리한다.

168 벅과 뮬, 어떻게 다를까

칵테일 중에는 진저비어나 진저에일이 들어가는 카테고리가 별도로 존재하는데, 칵테일 메뉴판에는 벅buck과 뮬mule이라는 용어가 더 자주 쓰인다. 벅과 뮬은 진저비어 또는 진저에일, 증류주, 시트러스 주스의 조합을 가리킨다. 엄밀히 따지자면, 벅이 훨씬 더 오래 전부터 사용된 용어고, 뮬은 최근 마케팅 차원에서 만들어진 용어다. 이 카테고리에서는 모스코 뮬이 가장 유명한데, 보드카를 다른 증류주로 대체해도 된다. 특히 럼이 잘 어울린다.

169

모스코 뮬 (보드카 벅)

THE MOSCOW MULE (VODKA BUCK)

1940년대에 보드카를 판매하기 위해 개발된 모스코 뮬이 다시 인기를 얻고 있다. 뜨거운 한낮에 번뜩이는 구리 머그잔에 담긴 진저비어, 라임, 보드카의 짜릿한 조합을 목구멍으로 시원하게 넘기면 전신이 찌릿하게 전율한다.

보드카(또는 다른 증류주)	59㎖(2oz)
진저비어	207㎖(7oz)
{또는 홈메이드 진저 시럽(170번 참고) 44㎖(1½oz)와 셀처워터 177.5㎖(6oz) 섞은 것}	
라임 웨지	2개

→ 콜린스 잔이나 구리 머그잔에 얼음을 넣고, 보드카와 진저비어를 붓는다. 여기에 라임 두 조각을 짜 넣은 뒤 그대로 칵테일에 넣는다. 그런 다음 잘 저어서 마신다.

170 홈메이드 진저 시럽

진저비어가 없을 때 대신 진저에일을 넣고 싶더라도 제발 참아라. 진저비어에 함유된 생강의 강도는 벅과 뮬을 만들기에 적합한 수준이지만, 진저에일은 칵테일의 맛을 묽게 만든다. 한편, 진저비어는 구하기도 쉬울뿐더러 대부분 무알코올이다. 게다가 직접 양조하기도 쉬울 뿐 아니라 취향에 따라 생강의 강도를 조절할 수도 있다(보통 생강 함유량이 많을수록 맛도 좋아진다). 진저비어를 직접 양조하기 위해서는 설탕 1컵, 물 ½컵, 생강 85g(3oz, 두꺼운 손가락 한 개 크기), 소금 2꼬집만 있으면 된다.

→ **1단계** 생강에 이물질이 남지 않게 조심스럽게 씻는다. 그릇에 작은 강판을 대고 생강을 간다.

→ **2단계** 고운 스트레이너 밑에 유리병을 받친다. 그런 다음 강판에 간 생강을 스트레이너에 담는다. 작은 스패출러나 손으로 생강을 눌러서 최대한 즙을 짜낸다. 생강 건더기는 남겨두고, 생강즙은 냉장실에 넣어둔다.

→ **3단계** 작은 냄비에 설탕과 물을 붓고, 중불에 끓인다. 물이 자글자글 끓기 시작하면 불의 세기를 낮추고, 생강 건더기와 소금을 넣고 젓는다. 그런 다음 5분간 자글자글 끓인다. 그 뒤 불을 끄고, 뚜껑을 닫은 채 식힌다.

→ **4단계** 설탕 시럽이 식으면, 생강즙이 담긴 유리병에 고운 스트레이너를 올리고 건더기를 꾹꾹 눌러가며 액체를 최대한 짜낸다. 유리병의 뚜껑을 닫고 흔들어서 생강즙과 설탕 시럽을 혼합한다. 진저소다를 만들 때는 진저 시럽과 셀처워터를 1:4의 비율로 섞는다.

171 공식을 활용하라

증류주와 소다를 섞어서 다양한 칵테일을 만드는 공식 몇 가지를 알아보자.

칵테일	증류주	소다	참고 사항
쿠바 리브레	라이트 럼 또는 다크 럼	콜라	라임을 짜 넣은 뒤 그대로 음료에 떨어뜨린다.
위스키 & 콜라	위스키	콜라	가니시 없이 깔끔하게 만든다. 콜라의 비중이 높아지기도 한다.
핌스 컵	핌스 컵	레몬라임 소다 또는 진저비어	오이, 민트, 과일 등 무더운 날씨의 가든파티에 어울리는 모든 재료를 가니시로 활용한다.
팔로마	테킬라	자몽 소다	소금 한 꼬집을 첨가하고, 라임을 짜 넣는다.
진토닉	진	토닉	제조법이 매우 간단하다. 여기에 라임 조각을 짜 넣는다.
보드카 & 소다	보드카	클럽 소다	다른 칵테일과 비교해서 저칼로리라고 오해하지 말자(와인 한 잔이 오히려 칼로리가 낮다). 가볍게 마시고 싶다면, 목테일(231번 참고)을 마셔보라.
위스키 하이볼	블렌디드 일본 위스키	클럽 소다	다른 위스키도 괜찮지만, 일본 위스키는 기본적으로 소량의 물과 잘 어울린다(물을 타서 희석하는 과정을 일본어로 '미즈와리'라 한다).

172

소다의 황금비율을 찾아라

혼합주를 만드는 가장 쉬운 방법은 자신이 선호하는 증류주와 탄산이 든 소다를 섞는 것이다. 증류주와 소다의 가장 기본적인 혼합 비율은 1:2이며, 이를 시작으로 각자의 취향에 맞춰 조금씩 조절한다. 무더운 날에는 1:3의 비율이 가장 이상적이며, 증류주를 과도하게 희석하지 않으면서도 청량함을 높일 수 있다. 특히 진토닉의 경우, 브랜드에 따라 토닉워터의 비중을 조금 더 높여도 좋다.

증류주(취향에 따라 선택)	59㎖(2oz)
소다(취향에 따라 선택)	118㎖(4oz)

➜ 콜린스 잔이나 하이볼 유리잔에 얼음을 넣고, 증류주와 소다를 차례로 붓는다. 그런 다음 빨대를 꽂고, 빠르게 젓는다. 원하면 가니시를 추가한다.

USBG | 덴버 지부

✦ 맷 카원 ✦

라 쿠르 덴버스 아트 바 La Cour Denver's Art Bar

173

체리 블로섬
CHERRY BLOSSOM

일본식 하이볼의 변형판인 체리 블로섬은 식초와 레몬으로 활기찬 산미를 더하고, 체리 리큐어로 영롱한 벚꽃색과 체리 풍미를 살렸다. 꽃봉오리가 피어나는 봄에 완벽하게 어울리는 칵테일이다.

일본 위스키(히비키 또는 이와이 추천)	44㎖(1½oz)
레몬 주스	22㎖(¾oz)
단미 시럽(1:1)	30㎖(1oz)
체리 리큐어	15㎖(½oz)
라즈베리 식초	7.4㎖(¼oz)
소다수	
분홍색 식용 꽃 또는 체리	

•➔ 칵테일 셰이커에 위스키, 레몬 주스, 단미 시럽, 체리 리큐어, 라즈베리 식초, 얼음을 넣고, 8~10초간 세차게 흔든다. 그런 다음 스트레이너에 걸러서 신선한 얼음이 든 콜린스 잔이나 하이볼 잔에 붓는다. 여기에 소다수를 채우고, 부드럽게 젓는다. 마지막으로 식용 꽃 또는 체리를 칵테일 픽에 꽂아서 장식한다.

USBG | 샌프란시스코 지부

H. 조셉 어먼 ✦ 오너 겸 운영자 | 엘릭시르 살룬 Elixir Saloon

174 { 파커 하우스 칵테일 PARKER HOUSE COCKTAIL }

프렌치75와 부스비의 변형판이 스파클링 와인을 아낌없이 부은 상쾌한 칵테일로 재탄생했다. 보통 이런 스타일은 칵테일을 저어서 부드러운 질감을 살리지만, 이 경우에는 속도를 높이기 위해 셰이킹 기법을 사용한다. 대신 스파클링 와인이 증류주보다 훨씬 흥미로운 질감을 선사한다.

라이 위스키(리튼하우스100 추천)	30㎖(1oz)
코냑	30㎖(1oz)
스위트 베르무트(안티카 포뮬라 추천)	30㎖(1oz)
피멘토 비터스	2대시
(데일 드그로프스Dale Degroff's 추천)	
드미섹 게뷔르츠트라미너 스파클링 와인	

•➔ 칵테일 셰이커에 라이 위스키, 코냑, 베르무트, 비터스, 얼음을 넣고, 8~10초간 세차게 흔든다. 그런 다음 스트레이너에 걸러서, 신선한 얼음이 든 콜린스 잔이나 하이볼 잔에 따른다. 마지막으로 스파클링 와인을 채우고, 부드럽게 젓는다.

USBG | 인디애나폴리스 지부

✦ 제이슨 파우스트 ✦

USBG 중서부권역 부회장

176

민트 줄렙
MINT JULEP

클래식 민트 줄렙을 살짝 변형한 청량하고 상쾌한 버전으로, 라임 주스가 위스키의 강렬한 맛을 누그러뜨린다. 민트의 아로마가 결정적인 분위기를 조성하니, 반드시 신선한 민트 잔가지를 사용하자. 또한 잔을 올바르게 잡는 법도 기억해두자. 줄렙 컵은 측면을 차갑게 유치하기 위해 아래쪽을 잡도록 설계돼 있다.

민트 잎	4~6장
데메라라 단미 시럽(1:1)	30㎖(1oz)
버번위스키	59㎖(2oz)
라임 주스	7.4㎖(¼oz)
민트 잔가지	

➜ 줄렙 컵(또는 올드 패션드 잔)에 으깬 얼음을 소복이 쌓은 뒤 옆에 놓아둔다. 칵테일 셰이커에 민트 잎과 데메라라 시럽을 넣고, 머들러로 민트를 매우 부드럽게 눌러서 방향성 오일이 나오게 만든다. 여기에 버번, 라임 주스, 얼음을 추가하고, 부드럽게 흔들어서 재료를 섞는다. 그런 다음 스트레이너에 걸러서 얼음을 채운 줄렙 컵에 따른다. 마지막으로 민트 잔가지로 장식한다.

USBG | 템파 지부

줄리언 밀러 ✦ 바텐더 인 레지던스 | 파텐더Partender

175 블랙 프라이어 티
BLACK FRIAR TEA

핌스 컵에 특별히 진을 추가로 넣고 싶다면, 이 변형 버전을 마셔보자. 이 칵테일의 이름은 영국 정통의 플리머스 진을 200년 넘게 만든 블랙 프라이어(도미니코회) 수도승들에 대한 오마주다. 칵테일에 진이 꽤 많이 들어감에도 불구하고 청량감과 다목적성이 높다.

프리머스 진	59㎖(2oz)
핌스 No.1	39.5㎖(1⅓oz)
아페리티보 리큐어	20㎖(⅔oz)
진저비어	89㎖(3oz)
(직접 제조할 경우 170번 참고)	
레몬 휠	
라임 휠	

➜ 얼음이 든 콜린스 잔이나 하이볼 잔에 진, 핌스, 아페리티보 리큐어를 넣은 뒤 진저비어를 붓는다. 여기에 빨대를 꽂고 빠르게 저은 뒤, 레몬 휠과 라임 휠로 장식한다.

➜ 지거에 ⅓oz 눈금이 없는 경우, ⅓oz는 2티스푼과 동일하다는 사실을 기억해두자.

177 싱글서빙 상그리아 SINGLE-SERVING SANGRIA

오후에 선물처럼 찾아온 여유 시간에 정원에 한가로이 앉아 상그리아를 마시고 싶다. 그렇지만 한두 잔 마시자고 한 병을 통째로 만들기는 애매하다. 이럴 땐 일인용 상그리아가 제격이다. 상그리아의 핵심은 과일 장식이다. 시트러스, 딸기, 복숭아, 사과 등 집에 있는 잘 익은 제철 과일을 자유롭게 넣어보자. 과일이 빠진 상그리아는 단순한 와인 칵테일에 불과하다!

레드 와인(저렴하고 활기찬 와인)	89㎖(3oz)
오렌지 리큐어	44㎖(1½oz)
(알코올 도수를 낮추려면, 진한 단미 시럽 15㎖(½oz)으로 대체한다)	
과일 리큐어(베리류 추천)	15㎖(½oz)
레몬 주스	15㎖(½oz)
과일 주스(오렌지 등 선호하는 과일)	30㎖(1oz)
소다수	30㎖(1oz)
여러 가지 과일 슬라이스	

→ 칵테일 셰이커에 레드 와인, 오렌지 리큐어, 과일 리큐어, 레몬 주스, 과일 주스, 얼음을 넣은 다음 8~10초간 세차게 흔든다. 그리고 스트레이너에 걸러서 신선한 얼음이 든 콜린스 잔이나 하이볼 잔에 따른다. 여기에 소다수를 채워 부드럽게 젓는다. 마지막으로 과일 조각으로 장식한다.

178 화이트 상그리아 WHITE SANGRIA

화이트 상그리아는 클래식 상그리아에 약간의 변형만 가하면 손쉽게 만들 수 있다. 레드 와인 대신 화이트 와인 118㎖(4oz)를 넣고, 베리류 리큐어 대신 복숭아나 살구 리큐어를 사용한다.

USBG | 인디애나폴리스 지부

✦ 제이슨 파우스트 ✦

USBG 중서부권역 부회장

179 론리 아일랜드 LONELY ISLAND

이 칵테일은 메즈칼 입문자에게 메즈칼의 훈연 풍미를 소개하기 위해 개발된 것이다. 코코넛과 훈연 풍미는 환상의 조합을 이루며, 할라페뇨는 독특한 채소 풍미를 가미한다.

메즈칼	44㎖(1½oz)
(델 마게이 비다Del Maguey VIDA 추천)	
할라페뇨 단미 시럽(1:1 침출법)	15㎖(½oz)
코코 리얼Coco Reàl 시럽	15㎖(½oz)
라임 주스	15㎖(½oz)
비터큐브 비터스 자메이칸 No.1	2대시
할라페뇨 슬라이스	

→ 칵테일 셰이커에 할라페뇨 슬라이스를 제외한 모든 재료와 얼음을 넣고, 8~10초간 흔든다. 그런 다음 스트레이너에 걸러서 신선한 얼음이 든 콜린스 잔이나 하이볼 잔에 따른다. 마지막으로 할라페뇨 슬라이스로 장식한다.

USBG | 인디애나폴리스 지부

✦ 제이슨 파우스트 ✦

USBG 중서부권역 부회장

180 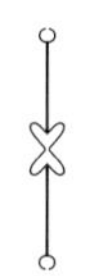 

DST

섄디는 맥주에 소다수나 스위트너를 섞은 음료인 반면, DST는 은은한 과일 향에 톡 쏘는 시트러스 풍미가 도드라지는 칵테일에 가깝다. 진과 IPA 맥주는 칵테일에 특별한 매력을 더하는 한편, 마라스키노와 오렌지 마멀레이드는 깊이와 균형감을 더한다. 나머지 재료들도 고유한 풍미를 끌어내서 조화롭게 결합시키는 역할을 한다. DST라는 이름은 햇볕을 더 오래 쬐도록 시계를 표준시보다 한 시간 앞당기는 서머타임DST 제도에서 딴 것이다.

진(포즈Fords 추천)	44㎖(1½oz)
마라스키노 리큐어	22㎖(¾oz)
레몬 주스	15㎖(½oz)
스위트 오렌지 마멀레이드	2티스푼
오렌지 비터스	2대시
시트러스 풍미의 IPA 맥주	
레몬 슬라이스	

•➧ 칵테일 셰이커에 진, 마라스키노 리큐어, 레몬 주스, 마멀레이드, 비터스를 넣는다. 그리고 마멀레이드가 완전히 섞이도록 8~10초간 세차게 흔든다. 그런 다음 스트레이너에 두 번 걸러서 신선한 얼음이 든 파인트 글라스(473㎖)에 따른다. 여기에 맥주를 채운 다음 부드럽게 젓는다. 마지막으로 레몬 슬라이스로 장식한다.

USBG | 샌프란시스코 지부

✦ 제니퍼 콜리우 ✦

스몰 핸드 푸즈Small Hand Foods의 오너

181

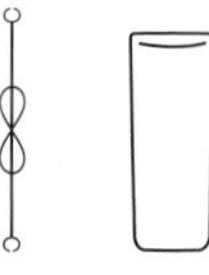

브랜디 리프트
BRANDY LIFT

이 칵테일은 뉴욕식 에그크림(우유, 향료, 시럽, 소다 따위로 만든 음료—네이버 지식백과, 옮긴이)에 대한 사랑과 코냑, 베네딕틴, 칵테일 시럽(제니퍼 콜리우가 스몰 핸드 푸즈에서 개발한 시럽)의 도전적인 조합을 기반으로 탄생했다. 이 레시피가 특별한 이유는 보통 크림 및 셀처 칵테일에는 달걀이 들어가기 때문이다. 이 칵테일은 온전한 플립이 아니기 때문에 그녀는 익숙하면서도 모던한 '브랜디 리프트'라는 이름을 붙였다.

코냑 또는 괜찮은 브랜디	44㎖(1½oz)
스몰 핸드 푸즈 오르쟈(아몬드 시럽)	15㎖(½oz)
베네딕틴 리큐어	15㎖(½oz)
헤비크림	15㎖(½oz)
셀처워터	

➜ 칵테일 셰이커에 브랜디, 오르쟈, 베네딕틴 리큐어, 헤비크림, 얼음을 넣은 뒤 8~10초간 세차게 흔든다. 그리고 스트레이너에 거른 뒤 신선한 얼음이 든 차가운 콜린스 잔이나 하이볼 잔에 따른다. 그런 다음 바 스푼을 이용해 앞뒤로 거세게 저으면서 셀처워터를 잔 끝까지 가득 채운다. 칵테일 윗부분이 살짝 굳을 때까지 1~2분간 기다린다. 그 뒤 셀처워터를 더 부어서, 칵테일 윗부분이 잔 끝보다 살짝 올라오게 만든다. 빨대를 꽂아서 마신다.

182 미첼라다 MICHELADA

미첼라다가 단순히 블러디 메리의 맥주 버전처럼 보이겠지만, 이 칵테일은 라임, 소금, 맥주의 단순한 조합부터 복잡한 브런치용까지 광범위한 변형 가능성을 자랑한다. 우리는 아침에도 칵테일을 서슴없이 마시는 타입이지만, 가끔 몸을 가볍게 만들어줄 라이트한 칵테일도 필요하다.

소금 또는 타힌Tajín 시즈닝	잔 테두리에 묻힐 용도
토마토 주스(또는 클라마토)	89㎖(3oz)
라임 주스	59㎖(2oz)
매기Maggi 시즈닝 소스(또는 간장)	4대시
핫소스(멕시칸, 타바스코, 크리스탈 추천. 스리라차 소스도 괜찮음)	3대시(매운맛을 선호하면 더 추가)
소금	넉넉한 1꼬집
멕시코 맥주 또는 라거(얼음처럼 차가운 상태)	355㎖(12oz)

•➔ 작은 그릇에 소금이나 타힌(고추와 시트러스를 섞은 멕시코 소금)을 얇은 층으로 흩뿌린다. 파인트 글라스의 테두리에 라임 조각을 문질러 촉촉하게 적신 뒤, 소금 그릇에 담근 채로 돌려서 테두리에 소금을 골고루 묻힌다. 잔을 잠시 옆에 놓아둔다.

•➔ 잔에 얼음을 넣은 다음 토마토 주스, 라임 주스, 매기, 핫소스, 소금을 추가한다. 음료를 저은 뒤 윗부분에 약간의 공간만 남겨두고 맥주를 최대한 가득 붓는다.

183

블러디 메리 BLOODY MARY

블러디 메리는 칵테일계의 피자와 같다. 많은 사람이 음료 자체보다 가니시와 토핑에 더 신경을 많이 쓴다. 훌륭한 블러디 메리를 만드는 법을 알아보자. 데커레이션은 얼마든지 마음대로 해도 좋다.

보드카 또는 블랑코 테킬라	59㎖(2oz)
토마토 주스	118㎖(4oz)
레몬 주스	30㎖(1oz)
강판에 간 서양고추냉이	½티스푼
우스터소스	2~3대시
타바스코(선택)	
셀러리 소금	2대시
흑후추	2대시
여러 가지 채소 피클	

•➔ 칵테일 셰이커에 채소 피클을 제외한 모든 재료를 넣고, 한쪽 컵에서 다른 쪽 컵으로 롤링한다. 그리고 스트레이너에 걸러서 얼음이 든 파인트 글라스에 따른다. 취향에 따라 채소 피클로 장식한다.

•➔ 참고 사항: 브런치 모임이 있다면, 전날에 미리 블러디 메리를 대량으로 만들어놓아도 된다. 모임 전날에 증류주를 제외한 모든 재료를 섞어놓으면, 밤새 풍미가 서로 어우러져 훨씬 조화로운 칵테일로 업그레이드된다.

184

롱아일랜드 아이스티

LONG ISLAND ICED TEA

칵테일을 즐기는 순간은 해변에서 산책하는 것과 같다. 시간을 들여 느긋하게 그 순간을 즐길 수 있어야 한다. 그러나 한가로운 산책과는 거리가 먼 칵테일도 있다. 이런 칵테일은 활화산에서 베이스 점핑을 하는 것 같다. 스피드를 즐기기 위해 만들어졌지만, 종종 끝이 좋지 않다. 그런데 롱아일랜드 아이스티의 장점은 이런 단점이 없다는 것이다. 이 모든 논리를 초월하는 칵테일이다. 그래서 레시피를 알아두면 참 유용하다. 언젠가 누군가가 당신에게 만들어달라고 요청할 테니까.

보드카	15㎖(½oz)
테킬라	15㎖(½oz)
화이트 럼	15㎖(½oz)
진	15㎖(½oz)
트리플 섹	15㎖(½oz)
레몬주스	15㎖(½oz)
단미 시럽(1:1)	15㎖(½oz)
콜라	소량(마무리용)
레몬 웨지 또는 트위스트	

•➜ 얼음이 든 콜린스 잔에 콜라와 레몬을 제외한 모든 재료를 넣는다. 그 위에 콜라를 소량 붓고, 레몬으로 장식한다.

185 { 롱아일랜드 아이스티를 무한대로 변형하라 }

롱아일랜드 아이스티는 무궁무진한 변신이 가능한데, 대부분이 오리지널 버전에 단순한 변형만 가미한 것이다. 이처럼 쉽고 편하게 무한대로 변형할 수 있는 덕분에 칵테일 바나 호스트는 자신만의 버전을 얼마든지 개발할 수 있다. 그저 손님이 과음하지 않게 단속만 하면 된다. 이 '아이스티' 때문에 곤란해진 대학생이 한두 명이 아닐 테다. 그렇다면 어떤 주스와 증류주를 사용하면 좋을지 몇 가지 예를 들어보겠다.

롱비치
크랜베리 주스를 콜라 대신 사용한다.

텍사스 아이스티
기본 레시피에 버번위스키 15㎖(½oz)를 추가한다.

아디오스 마더 *커
트리플 섹을 블루 퀴라소로 대체하고, 레몬라임 소다를 콜라 대신 사용한다.

조지아 아이스티
복숭아 리큐어를 트리플 섹 대신 사용한다.

하와이안 아이스티
파인애플 주스를 콜라 대신 사용한다.

스리 마일 아일랜드
미도리 멜론 리큐어를 콜라 대신 사용한다(독특한 초록빛을 띤다.)

186 섹스 온 더 비치
SEX ON THE BEACH

이 칵테일은 맛보다는 이름 때문에 주문하는 사람이 더 많을 것이다. 무엇보다 적절한 상황에서는 그리 나쁜 선택이 아니다(물론 첫 데이트는 결코 적절한 상황이 아니다!).

보드카	44㎖(1½oz)
복숭아 리큐어	15㎖(½oz)
오렌지 주스	44㎖(1½oz)
크랜베리 주스	44㎖(1½oz)
오렌지 웨지 또는 트위스트	

➔ 얼음이 든 콜린스 잔에 오렌지 웨지를 제외한 모든 재료를 넣는다. 마지막으로 오렌지 조각으로 장식한다.

187 자신의 페티시를 파악하라

섹스 온 더 비치도 무궁무진한 변형이 가능하다.
그중 추천할 만한 세 가지 버전을 소개한다.

섹스 온 파이어 시나몬 위스키(파이어볼 추천)를 보드카 대신 사용한다.

마드라스 리큐어는 생략하고, 보드카만 총 59㎖(2oz)사용한다.

우우 오렌지 주스는 과감하게 생략하고, '본론'으로 바로 들어가는 버전이다.

188 핫 & 스위트 칵테일을 선택하라

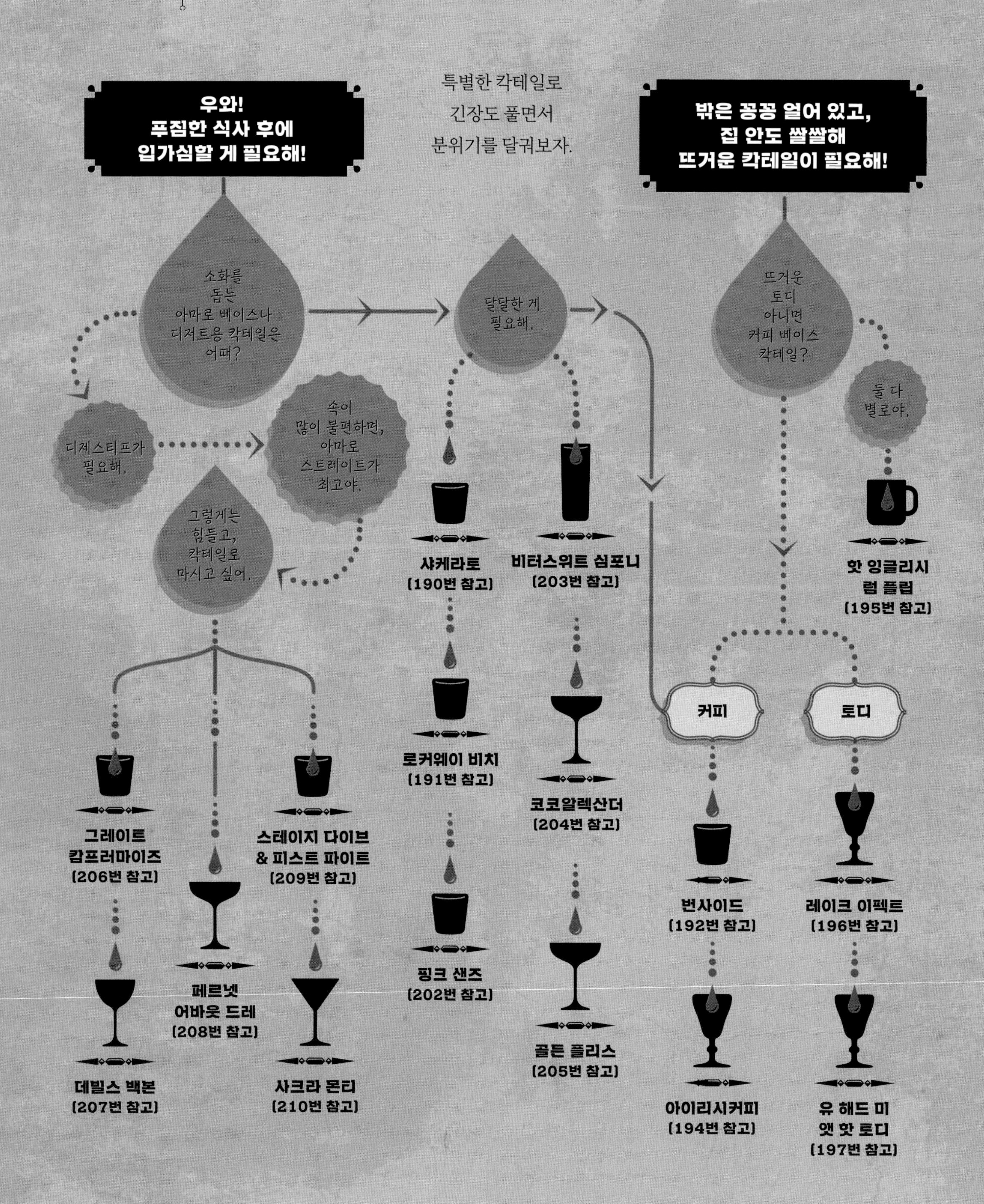

189 에스프레소머신을 활용하라

반짝이는 에스프레소머신에 매혹된 바텐더 케이트 볼턴Kate Bolton은 칵테일에 커피를 섞어서 전통적인 에스프레소 음료를 늦은 오후에 완벽하게 어울리는 칵테일로 재탄생시켰다. 에스프레소머신에 쌓인 먼지를 털어내고, 나른한 오후에 정신이 번쩍 드는 칵테일을 만들어보자!

190

샤케라토
SHAKERATO

샤케라토는 무더운 날에 즐기는 전통적인 이탈리아 음료로, 에스프레소와 단미 시럽에 얼음을 넣고 흔들어서 마신다. 이 버전에서는 이탈리아 아마로와 크림 유제품을 추가했다.

에스프레소	30㎖(1oz)
아마로(멜레티Meletti 추천)	30㎖(1oz)
하프앤드하프 (유지방이 10~12%가 되도록 만든 크림)	15㎖(½oz)

➜ 칵테일 셰이커에 모든 재료를 넣는다. 여기에 얼음을 추가한 뒤 8~10초간 세차게 흔든다. 그리고 스트레이너에 걸러서 작은 락 잔이나 올드 패션드 잔에 따른다.

191 로커웨이 비치 ROCKAWAY BEACH

케이트 볼턴과 아메리카노 칵테일 바를 공동 설립한 블레어 레이놀즈Blair Reynolds는 할레 펠레Hale Pele라는 티키 바도 소유하고 있다. 이에 볼턴은 커피와 티키 문화를 한 칵테일에 담아내는 도전을 했다. 이 단순한 조합의 결과 탄생한 로커웨이 비치는 코코넛 풍미가 도드라지면서도 강렬한 자메이카 럼이 중심을 잡아주며 커피의 흙 풍미와 조화롭게 어우러진다.

콜드 브루 커피	59㎖(2oz)
코코넛밀크	30㎖(1oz)
스미스 앤 크로스 자메이카 럼Smith and Cross Jamaican Rum	22㎖(¾oz)
진한 데메라라 단미 시럽(2:1)	22㎖(¾oz)
오렌지 휠, 코코넛 슬라이스	

➜ 칵테일 셰이커에 커피, 코코넛밀크, 럼, 데메라라 단미 시럽을 넣는다. 여기에 얼음을 추가한 뒤 8~10초간 세차게 흔든다. 그리고 스트레이너에 걸러서 얼음이 든 락 잔이나 올드 패션드 잔에 따른다. 마지막으로 오렌지 휠을 반으로 잘라 코코넛 슬라이스를 뿌린 뒤 칵테일에 장식한다.

192 번사이드 THE BURNSIDE

이 칵테일은 아메리카노 칵테일 바의 바텐더 에릭 리키Eric Rickey가 개발한 음료로, 민트와 초콜릿의 클래식한 조합에 뜨거운 커피를 부었다. 페르넷 브랑카 멘타Fernet Branca Menta는 민트 향이 매우 강한 이탈리아 아마로이며, 머드 퍼들 비터 초콜릿 보드카Mud Puddle Bitter Chocolate vodka는 포틀랜드 현지 증류소인 뉴딜에서 만든 제품이다.

페르넷 브랑카 멘타	44㎖(1½oz)
머드 퍼들 비터 초콜릿 보드카	15㎖(½oz)
에스프레소	44㎖(1½oz)
우유 스팀	89㎖(3oz)
코코아파우더	
민트 잎	

➜ 아이리시커피 잔이나 이중 유리컵에 페르넷, 보드카, 에스프레소를 넣은 뒤 뜨거운 우유 스팀을 붓는다. 그 위에 코코아파우더를 뿌리고, 민트 잎을 올려 장식한다.

193  아이리시위스키를 이해하라

그리스도교 수도회가 아일랜드에 증류 기술을 들여온 이후, 아일랜드 사람들은 스카치와 차별성을 두기 위해 더 맑고 꽃과 과일 향이 나는 위스키를 개발했다. 현재 아이리시위스키는 여러 스타일로 출시되고 있다. 싱글포트 스틸 위스키는 맥아와 발아되지 않은 곡물을 함께 단식 증류기에 넣는 독특한 스타일의 위스키다. 싱글몰트는 보리맥아를 단식 증류기에 넣어서 만든다. 블렌디드 위스키는 싱글몰트나 싱글포트 스틸 위스키에 그레인위스키(발아되지 않은 곡물만 연속식 증류기에 넣어서 만듦)를 혼합한 것이다. 유명한 아이리시위스키 대부분은 블렌디드 위스키다.

194  

아이리시커피

IRISH COFFEE

뜨거운 커피에 소량의 설탕과 아이리시위스키를 넣은 아이리시커피는 시대를 초월한 클래식이다. 1940년대 아일랜드 리머릭 카운티의 셰프가 날씨에 지친 여행자들을 위해 처음 개발했으며, 이후 세계적으로 사랑받는 음료가 됐다.

아이리시위스키	44㎖(1½oz)
커피	89㎖(3oz)
설탕	2티스푼

〈크림 재료〉

헤비크림	59㎖(2oz)
설탕	1½티스푼

➔ 차가운 셰이커에 헤비크림과 설탕을 넣고, 설탕이 녹으면서 크림이 되직해질 때까지 흔든다. 크림을 펴 올렸을 때 뾰족한 끝이 단단하게 서는 '스티프 픽stiff peaks' 상태나 버터 질감이 될 때까지 흔들 필요는 없다(너무 오래 흔들면 이렇게 된다). 완성한 크림을 옆에 놓아둔다.

➔ 아이리시커피 유리잔에 나머지 재료를 넣고 젓는다. 그 위에 크림을 띄우듯이 올린다.

195 핫 잉글리시 럼 플립
HOT ENGLISH RUM FLIP

이 옛날식 조합은 유제품이 빠진 뜨거운 에그녹과 닮았다. 과거에는 에일이 담긴 머그에 뜨겁게 달군 부지깽이를 담가서 만들었다. 이 버전은 현대식으로 스토브를 사용한다.

럼	59㎖(2oz)
큰 달걀	1개
스위트너(당밀 또는 수수 추천)	1테이블스푼
영국 스타일 맥주(또는 흑맥주)	177.5㎖(6oz)
강판에 간 육두구	

•➔ 키친타월을 작은 원형으로 둥글게 말고, 작은 철제 그릇을 원 안에 안정감 있게 놓는다. 그릇에 럼, 달걀, 스위트너를 넣고 휘저어서 잘 섞는다(럼-달걀 혼합물).

•➔ 소스팬에 맥주를 붓고 가열한다. 맥주가 부글부글 끓기 시작하면, 불을 끈다. 럼-달걀 혼합물을 휘저으면서 뜨거운 맥주를 조금씩 붓는다.

•➔ 칵테일을 국자로 떠서 머그에 옮긴 다음 육두구 가루를 뿌린다.

USBG | 인디애나폴리스 지부

✦ 제이슨 파우스트 ✦

USBG 중서부권역 부회장

196 레이크 이펙트
LAKE EFFECT

미국 중서부의 오대호에서 불어오는 바람이 폭설을 일으키는 현상에서 따온 이름이다. 뜨거운 토디의 변형판으로, 폭설로 인해 실내에 갇혔을 때 몸을 따뜻하게 덥혀줄 것이다.

위스키(틴컵Tincup 추천)	44㎖(1½oz)
비터 트루스 피멘토 드람Bitter Truth pimento dram	15㎖(½oz)
생강 시럽	15㎖(½oz)
레몬 주스	15㎖(½oz)
뜨거운 물	59㎖(2oz)
으깬 흑후추	

•➔ 커피 머그에 후추를 제외한 모든 재료를 넣고 젓는다. 갓 으깬 흑후추를 뿌려서 장식한다.

USBG | 애틀랜타 지부

✦ 이안 콕스 ✦

수제 증류주 전문가 | 내셔널 디스트리뷰팅National Distributing

197 유 해드 미 앳 핫 토디
YOU HAD ME AT HOT TODDY

무려 750명이 참석한 파티를 위해 개발된 토디의 변형판이다. 애틀랜타의 11월은 몹시 아름답지만, 솔직히 비도 많이 내리고 너무 춥다. 칵테일 이름은 한 젊은 여성이 "뜨거운 토디로 내 마음을 사로잡았어!"라고 외친 데서 유래했다.

버번위스키	44㎖(1½oz)
뜨거운 바닐라 홍차	74㎖(2½oz)
페르넷(비토네 멘타Vittone Menta 추천)	7.4㎖(¼oz)
오렌지 껍질	

•➔ 아이리시커피 잔에 오렌지 껍질을 제외한 모든 재료를 넣고 저어서 잘 섞는다. 오렌지 껍질을 음료에 대고 비틀어 짠 뒤 음료에 넣는다.

브랜디 Brandy

브랜디는 포도 재배와 농업의 교차점에 위치하며,
코냑부터 그라파, 애플잭, 슬리보비츠까지 다양하게 아우른다.

198

9세기부터 시작된 브랜디의 역사

9세기에 와인과 함께 증류 공정이 발전하면서 최초의 증류주인 브랜디가 탄생했다. 초창기에는 주로 약용으로 사용됐으나, 15~16세기에 네덜란드 무역상이 숙성되지 않은 포도 오드비를 배럴에 담아 수출하면서 코냑과 아르마냑크 브랜디의 인기가 치솟았다.

이 무역을 계기로 브랜디는 완전히 다른 모습으로 둔갑했다. 이전에는 물에 희석해 마시거나 선적용 주정강화 와인을 만드는 데 사용되는 독한 증류주였다면, 이후에는 숙성 증류주로 정의되기 시작했다. 운반 과정에서 나무 향이 브랜디에 옅게 배었고, 곧이어 수요와 생산의 변동으로 오크 제작이 증가했다.

브랜디에는 코냑과 아르마냐크만 있는 게 아니다. 브랜디의 일반적인 정의는 과일을 증류한 증류주다. 어떤 과일이든 상관없지만 주로 풍작을 오래 보존하기 위한 농업적 수단으로 브랜디를 만들었으며, 때론 신맛이나 쓴맛이 너무 강한 과일도 브랜디를 만드는 데 사용했다.

보통 최상급 브랜디는 최고급 와인과 같은 과일을 사용하지 않는다. 코냑과 아르마냐크처럼 포도 베이스의 브랜디는 주로 우니 블랑(트레비아노), 폴 블랑슈, 콜롱바르(얇고 산미가 강한 와인을 만듦) 등의 포도 품종을 쓴다. 칼바도스 브랜디는 씁쓸하면서도 향기로운 사과를 사용하며, 오드비 브랜디는 조리나 가공을 통해 맛을 내야 하는 과일을 사용한다. 브랜디의 경우, 와인과는 다르게 풍미와 아로마를 내기 위해 과육만큼 과일의 껍질도 중요하다.

199

필록세라가 바꾼 칵테일 제조 방식

19세기 말, 필록세라 전염병이 프랑스 포도밭을 공격하기 시작했다. 필록세라는 포도나무를 갉아먹고 종국에는 뿌리까지 파괴하는 진딧물의 일종이다. 이 때문에 와인과 브랜디 산업은 속절없이 무너졌고, 프랑스 포도밭은 절반 가까이 초토화됐다. 이 사건은 칵테일 제조 방식에도 영향을 미쳤다. 프랑스 브랜디의 공급이 중단되자, 유럽과 미국은 진과 위스키로 눈을 돌렸고, 이 두 증류주를 활용해 칵테일을 만들기 시작했다.

200 브랜디는 이렇게 만든다

브랜디 제조 과정은 언제나 특정 형태의 과일로부터 시작된다.
또한 발효 방식, 숙성 여부와 기간, 증류 방식에 따라 종류가 달라진다.

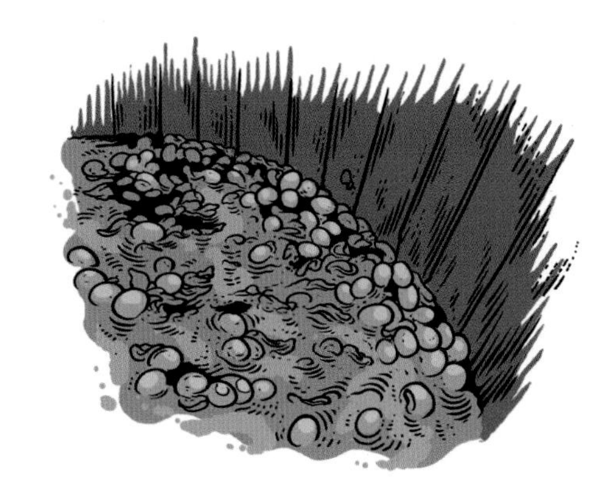

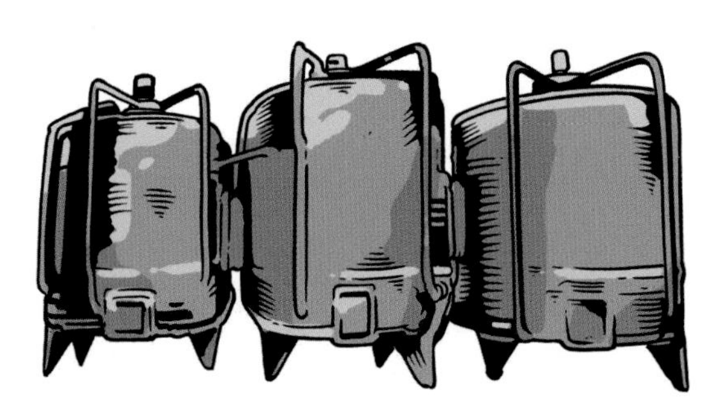

1단계

과일을 으깨서 과육의 주스(특히 당분)를 추출하고, 야생효모나 배양효모와 접촉시킨다. 그런 다음 주스만 발효하거나, 주스와 건더기를 통째로 발효한다. 후자의 경우, 발효를 돕기 위해 물을 추가한다.

2단계

과일의 발효 과정은 상태에 따라 며칠에서 몇 주간 소요된다. 이때 효모의 종류를 제어하기 위해 발효 온도를 낮추기도 하는데, 이 경우 발효 기간이 연장된다.

3단계

으깬 과일(주스와 건더기)이나 와인(주스)을 증류한다. 숙성 브랜디 대부분은 단식 증류기에 증류하지만, 아르마냐크 등 일부 브랜디는 특수 증류기를 사용해 약 52~60%의 중간급 프루프로 만든다.

201

가장 일반적인 브랜디 종류

브랜디의 종류는 과일뿐 아니라 양조 과정과 쓰임새에 따라 결정된다. 가장 일반적인 세 가지 종류를 알아보자.

와인 브랜디WINE BRANDY 가장 흔한 하위 카테고리는 포도 베이스의 숙성 브랜디인 코냑, 스페인 헤레스, 아르마냑크 등이다. 그러나 숙성 브랜디를 양조하는 전통은 이탈리아, 그리스, 튀르키예, 아르메니아, 사이프러스, 남아프리카공화국, 미국(특히 캘리포니아) 등 포도를 재배하는 모든 지역에서 찾아볼 수 있다. 페루와 칠레의 피스코처럼 미숙성 브랜디도 와인 브랜디에 속한다.

퍼미스 브랜디POMACE BRANDY 이 스타일 또한 포도가 주재료지만, 와인을 양조하고 남은 고체물(퍼미스)을 사용한다는 특이점이 있다. 퍼미스 브랜디는 거의 모든 와인 산지에서 발견되며, 이탈리아 그라파처럼 본래 포도밭 인부들이 일상에서 마시던 술이었다. 그렇다고 모든 퍼미스 브랜디가 저질이라고 치부하는 건 금물이다. 독특하고 정교한 제품도 출시되니 말이다.

프루트 브랜디FRUIT BRANDY 일종의 '잡동사니' 카테고리다. 칼바도스, 애플잭 등의 숙성 브랜디, 푸아르 윌리엄스(배), 키르슈(체리) 등의 오드비, 기타 여러 종류의 과일 증류주가 프루트 브랜디에 속한다. 제대로 만든 프루트 브랜디는 신선한 과일처럼 설탕과 산미 없이도 다채로운 아로마와 풍미를 뽐내며, 훌륭한 디제스티프나 디저트의 향료 역할을 한다. 프루트 브랜디를 구매할 때는 라벨을 꼼꼼하게 읽어보자. 저가 브랜디 중에는 실제 포도를 넣지 않고 인공 향료만 첨가한 포도향 브랜디인 경우도 있다.

USBG | 샌안토니오 지부

✦ 모니카 스나이더 ✦

영업 담당 | 글레이저스 디스트리뷰터스 Glazer's Distributors

202  핑크 샌즈

PINK SANDS

모니카 스나이더Monica Snyder는 텍사스의 사우스 파드레 아일랜드 출신답게 해변을 연상케 하는 해변 칵테일을 개발했다(선탠오일도 잊지 말고 챙기자!).

코코넛 럼	30㎖(1oz)	코코넛밀크	118㎖(4oz)
라이 위스키	15㎖(½oz)	단미 시럽(1:1)	1대시
라즈베리 리큐어	7.4㎖(¼oz)	체리, 우산 장식	

•➔ 칵테일 셰이커에 체리와 우산 장식을 제외한 모든 재료를 넣는다. 여기에 얼음을 추가한 뒤 8~10초간 세차게 흔든다. 그리고 스트레이너에 걸러서 큼직한 락 잔이나 올드 패션드 잔에 따른다. 마지막으로 체리와 우산으로 장식한다.

USBG | 로즈앤젤레스 지부

리치 윌리엄스 ✦ 바텐더 | 더 스페어 룸 The Spare Room

203 비터스위트 심포니

BITTERSWEET SYMPHONY

바텐더 리치 윌리엄스Rich Williams는 진 증류소 투어를 마치고 들른 아이스크림 가게에서 니그로니 아이스크림을 먹다가 이 칵테일에 대한 영감을 얻었다. 쓴맛과 달달한 크림 질감의 조화 덕분에 디저트와 칵테일을 합쳐놓은 느낌을 선사한다.

진	59㎖(2oz)	아페리티보 리큐어 (캄파리 추천)	15㎖(½oz)
비앙코(블랑) 베르무트	22㎖(¾oz)		
헤비크림	15㎖(½oz)	단미 시럽(1:1)	22㎖(¾oz)
달걀흰자	15㎖(½oz)	민트 잎, 체리	

•➔ 칵테일 셰이커에 민트 잎과 체리를 제외한 모든 재료를 넣는다. 여기에 얼음을 추가한 뒤 8~10초간 세차게 흔든다. 그리고 스트레이너에 걸러서 콜린스 잔이나 하이볼 유리잔에 따른다. 마지막으로 으깬 얼음을 올리고, 민트 잎과 체리로 장식한다.

USBG | 덴버 지부

✦ 맷 카원 ✦

칵테일 큐레이터 | 라 쿠르 La Cour

204  

코코알렉산더

COCO-ALEXANDER

이 칵테일은 비건이라는 특징 외에도 라즈베리처럼 새콤한 리큐어와 만나도 응고되지 않는다는 장점이 있다. 만약 유제품 버전을 선호한다면, 코코넛 크림을 헤비크림으로 대체한다.

토스팅한 코코넛 슬라이스	
레몬 웨지	
루바브를 우린 드라이 베르무트 (075번 참고)	44㎖(1½oz)
크렘 드 카카오 (또는 기타 리큐어)	30㎖(1oz)
무가당 코코넛크림 (당을 첨가한 크림 오브 코코넛과는 다름)	30㎖(1oz)

•➔ 작은 접시에 코코넛 슬라이스를 넉넉하게 흩뿌려서 얇은 층을 만든다. 쿠프 잔이나 칵테일 잔의 테두리에 레몬 조각을 문질러서 촉촉하게 적신 뒤, 코코넛 접시에 거꾸로 담근 채 돌려서 테두리 절반에 코코넛을 묻힌다. 잔을 잠시 옆에 놓아둔다.

•➔ 셰이커에 나머지 재료를 넣는다. 얼음을 추가한 뒤 8~10초간 세차게 흔든다. 그리고 스트레이너에 걸러서 준비한 잔에 따른다.

USBG | 샌프랜시스코 지부

✦ 냇 해리 ✦

스피리츠 바이어 포 캐스트 Spirits Buyer for Cask

205

골든 플리스
THE GOLDEN FLEECE

골든 플리스는 신화 속 날개 달린 숫양의 황금 양모에서 딴 이름이다. 황금빛 양털처럼 빛나는 색과 숫양의 뒷발차기처럼 매서운 맛을 띤다. 당신만의 아르고호를 타고 금빛 보물을 찾아 떠나보자.

숙성 카샤카 (아부아 암부라나Avuá Amburana 추천)	52mℓ(1¾oz)
가당 연유	22mℓ(¾oz)
안초 레예스Ancho Reyes 리큐어 (말린 안초 고추 리큐어)	7.4mℓ(¼oz)
초콜릿 비터스 (피브라더스 아즈텍 초콜릿 비터스 추천)	1대시
시나몬 스틱	

➜ 칵테일 셰이커에 시나몬을 제외한 모든 재료를 넣는다. 여기에 얼음을 추가한 뒤 8~10초간 흔든다. 그리고 스트레이너에 걸러서 차가운 쿠프 잔이나 와인 잔에 따른다. 마지막으로 시나몬 스틱을 강판에 갈아서 칵테일 위에 뿌린다.

USBG | 애슈빌 지부

✦ 매슈 코르젤리우스 ✦

바텐더 | 마나Manna

206

그레이트 캄프러마이즈
THE GREAT COMPROMISE

매슈 코르젤리우스Matthew Korzelius는 콜라가 본래 여러 식물로 풍미를 낸 달콤한 아마로 스타일이었다는 사실을 알고, 콜라와 여러 이탈리아 디제스티보를 페어링하는 아이디어를 내기 시작했다. 그레이트 캄프러마이즈('대타협'이란 뜻)라는 이름은 쓴맛을 부드러운 맛과 섞어서 마시기 쉬운 중간 지점을 찾아냈음을 의미한다.

콜라 졸인 것	22mℓ(¾oz)
버번위스키	44mℓ(1½oz)
페르넷	15mℓ(½oz)
푼트 에 메스Punt é Mes 베르무트	22mℓ(¾oz)
체리 비터스	2대시
체리	

•➔ 콜라를 졸이는 방법은 다음과 같다. 시중에서 판매하는 콜라를 중간불에 자글자글 끓여서 본래 양의 약 1/6이 될 때까지 졸인 다음 식힌다.

•➔ 칵테일 셰이커에 체리를 제외한 모든 재료를 넣는다. 여기에 얼음을 추가한 뒤 8~10초간 세차게 흔든다. 그리고 스트레이너에 걸러서 큰 얼음 큐브가 든 락 잔이나 올드 패션드 잔에 따른다. 마지막으로 체리를 위에 얹어서 장식한다.

USBG | 샌프란시스코 지부

크리스 레인 ✦ 바 매니저 | 라멘 숍Ramen Shop

207 { 데빌스 백본 DEVIL'S BACKBONE }

이 칵테일은 푸짐한 식사나 고된 일과 후에 마시기 좋은 술이다. 특히 묵직한 훈연 풍미와 달콤 쌉쌀한 맛을 좋아하는 사람에게 제격이다. 크리스 레인Chris Lane의 아버지가 즐겨 마시던 스모키 위스키를 베이스로 만든 이 칵테일에는 위스키, 아마로, 비터스가 각각 두 종류씩 들어간다. 풍성함과 묵직함 속에서 쓴맛과 단맛이 절묘한 균형을 이루며, 벽난로 앞에서 낮잠에 빠져드는 것처럼 식사의 마무리를 장식한다.

라이 위스키	30mℓ(1oz)
아드벡Ardbeg 싱글몰트 10년(또는 기타 스모키 스카치)	15mℓ(½oz)
아베르나Averna 아마로	22mℓ(¾oz)
그란 클라시코(또는 기타 아페리티보 리큐어)	15mℓ(½oz)
아로마틱 비터스(앙고스투라 추천)	1대시
오렌지 비터스(비터 트루스Bitter Truth 추천)	1대시
둥근 모양의 오렌지 껍질	

•➔ 파인트나 믹싱글라스에 오렌지 껍질을 제외한 모든 재료를 넣는다. 여기에 얼음을 추가하고 20~30초간 젓는다. 그리고 스트레이너에 걸러서 닉 앤드 노라 잔, 작은 쿠프 잔이나 칵테일 잔에 따른다. 그런 다음 오렌지 껍질을 칵테일에 대고 비틀어 짠 뒤 껍질이 위로 향하게 장식한다.

USBG | 필라델피아 지부

✦ 라이언 시프먼 ✦

바 매니저

208

페르넷 어바웃 드레

FERNET ABOUT DRE

민트 향을 띠는 페르넷은 주로 디제스티프로 마시지만, 이 칵테일에는 사프란, 아니스, 제비꽃 등 꽃향기를 발산하는 이탈리아 아마로를 섞는다. 그리고 블랙 월넛 비터스는 위스키와 아마로의 간극을 다리처럼 연결해서 강렬한 식후주를 완성한다.

라이 위스키	59㎖(2oz)
페르넷	22㎖(¾oz)
아마로(멜레티Meletti 추천)	22㎖(¾oz)
피브라더스 블랙 월넛 비터스	2대시
체리	

➜ 유리병에 체리를 제외한 모든 재료를 넣는다. 여기에 얼음을 추가하고 30초간 젓는다. 그리고 스트레이너에 두 번 걸러서 쿠프 잔에 따른다. 마지막으로 체리로 장식한다.

USBG | 샌안토니오 지부

✦ 스테판 멘데스 ✦ 음료파트 책임자

더 블러바르디어 그룹The Boulevardier Group

209

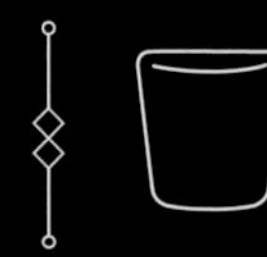

스테이지 다이브 & 피스트 파이트
STAGE DIVES & FIST FIGHTS

이 칵테일은 강자를 위한 것이다. 스테이지 다이브 & 피스트 파이트라는 이름도 독한 테킬라 칵테일을 연거푸 마셨을 때 나올 법한 거친 행동을 상상하며 지은 것이다. 왕관 모양의 가니시로 재미를 더했으며, 더 라스트 워드The Last Word 바의 칵테일 메뉴에 3년 연속 이름을 올렸던 명성에 걸맞은 장식이다. 명실상부한 반지의 제왕이다.

블랑코 테킬라	44㎖(1½oz)
페드로 히메네스 셰리	22㎖(¾oz)
스위트 베르무트	22㎖(¾oz)
카더멈 비터스	2대시
오렌지 껍질(왕관 모양으로 조각)	

•➜ 오렌지 껍질을 제외한 모든 재료를 락 잔이나 올드 패션드 잔에 넣는다. 여기에 얼음을 추가하고 젓는다. 마지막으로 왕관 모양의 오렌지 껍질로 장식한다.

USBG | 유타 지부

알레한드로 올리바레스 ✦ 바텐더 | 언더 커런트Under Current

210 { 사크라 몬티
SACRA MONTI }

이 칵테일은 이탈리아 롬바르디아와 피에몬테를 잇는 산맥에 줄지어 놓인 조각과 종교적 성지의 이름을 딴 것이다. 이곳은 주카Zucca 아마로와 코키Cocchi 베르무트의 산지이기도 하다. 사크라 몬티는 약간의 쓴맛과 허브 풍미를 띠며, 보통 체리 디저트와 함께 나온다.

버번위스키(버팔로 트레이스Buffalo Trace 추천)	44㎖(1½oz)
스위트 베르무트(코키 추천)	15㎖(½oz)
주카 아마로(루바브 비터 리큐어)	15㎖(½oz)
아로마틱 비터스(앙고스투라 추천)	3대시
체리	
레몬 껍질	

•➜ 칵테일 셰이커에 체리와 레몬 껍질을 제외한 모든 재료를 넣는다. 여기에 얼음을 추가하고 8~10초간 세차게 흔든다. 그리고 스트레이너에 걸러서 쿠프 잔이나 칵테일 잔에 따른다. 레몬 껍질을 칵테일에 대고 비틀어 짜서 시트러스 오일을 추출한 뒤 칵테일에 떨어뜨린다. 마지막으로 체리를 칵테일 픽에 꽂아서 장식한다.

PART 3

성공적인 칵테일파티 준비

누구나 평소에 즐겨 찾는 칵테일 바나 술집 하나쯤은 있을 것이다. 그런데 그곳을 좋아하는 이유가 꼭 술맛 때문은 아닐 것이다. 편안하고 환대받는 분위기도 분명 한몫할 것이다.

물론 레시피도 중요하다. 그러나 호스트가 기본 레시피를 모두 꿰고 있다 하더라도 그 칵테일 바나 파티가 반드시 즐거우리란 보장은 없다. 환대하는 분위기, 적절한 계획, 손님이 취하지 않고 즐기도록 배려하는 일(그래야 얼마나 즐거웠는지 다음 날 기억할 테니까)도 레시피나 술맛 못지않게 중요하다.

이번 장에서는 이벤트를 주최할 때 프로처럼 손님을 환대하는 기술 몇 가지를 알아볼 것이다. 완벽한 음료 메뉴, 사진을 찍고 싶게 만드는 음료 비주얼, 알코올 없이도 충분히 맛있는 목테일 만드는 방법을 배워보자. 훌륭한 호스트는 손님은 물론 호스트 자신도 즐길 수 있는 파티를 만든다.

어디서부터 시작할지 막막하다고? 그렇다면 일단 213번부터 시작해보자.

USBG | 세인트루이스 지부 ✦ 테드 킬고어

플랜터스 하우스Planter's House 오너이자 음료파트 책임자

211  최고의 호스트가 돼라

손님을 프로처럼 환대하라는 말은 집에 친구를 초대하면서 진짜 칵테일 바를 운영하듯 행동하라는 뜻이 아니다(친구들이 팁을 넉넉히 준다면 또 모를까). 그래도 실제 바텐더들의 서비스 마인드에서 몇 가지 팁을 얻을 수 있다. 그렇다면 플랜터스 하우스의 테드 킬고어와 직원들이 손님을 대접할 때 무엇을 중시하는지 알아보자.

손님을 파악하라 당연한 얘기처럼 들리지만, 할머니와 가족들을 초대한 자리에 이탈리아 아마로로 만든 최고급 수제 칵테일을 내놓는 건 좋은 생각이 아니다. 가족들이 즐기지 못한다면, 당신도 즐겁지 않을 것이다.

손님의 신뢰를 얻어라 처음부터 칵테일을 광적으로 좋아하는 사람은 없다. 다들 새로운 경험을 통해 취향을 만들어가는 것이다. 손님의 신뢰를 얻으려면, 초반에는 당신이 그들에게 필요하다고 생각하는 것보다 그들이 원하는 것을 줘야 한다. 그런 다음 차차 새로운 것을 권한다. 핵심은 손님에게 익숙한 것을 통해 칵테일의 마법을 이해하게 돕는 것이다.

메뉴를 이해하기 쉽게 구성하라 파티에 선보일 새로운 칵테일이 맨해튼을 살짝 변형한 버전인가? 그렇다면 기본 맨해튼을 좋아하는 손님도 이를 쉽게 알아차릴 수 있는 이름을 짓도록 하자. 상상력을 발휘한 이름도 즐거움을 더한다. 다만 손님이 이미 아는 칵테일과 비교해서 설명할 수 있어야 한다.

증류주를 공부하라 익숙하지 않은 재료를 사용하는 경우(새로운 시도는 언제나 찬성이다!), 그 재료에 대해 조금이라도 공부하자. 제조 과정, 산지, 역사, 흥미로운 특징을 알아보자. 더 나아가 손님을 초대하기 전에 미리 시음해볼 사람을 불러서 테스트해보면 좋다.

화려한 쇼를 펼쳐라 손님이 즐거운 시간을 보내도록 최선을 다한다. 손님이 이곳에 온 목적도 즐기기 위해서다. 칵테일을 만드는 마법 같은 과정에 연극적 요소를 더하고, 이를 둘러싼 대화를 끌어내라. 그리고 당신도 이 파티의 손님이다. 당신을 위한 칵테일도 잊지 말고 준비하자.

212

취한 손님을 관리하라

아무리 술에 강한 사람도 때론 취하기 마련이다. 손님이 취하는 경우는 얼마든지 발생할 수 있으며, 모든 손님이 안전하고 즐거운 시간을 보내도록 만드는 건 호스트의 책임이다. 알딸딸하게 취기가 오른 손님이 느닷없이 만취 상태가 됐을 때 어떻게 대처할지 알아보자.

안전하게 보살펴라 손님이 인사불성까지는 아니지만 살짝이라도 취했다면, 절대 운전대를 잡지 못하게 한다. 집까지 안전하게 돌아갈 차편을 마련해주고, 술이 깨도록 물과 든든한 스낵을 챙겨준다.

소파를 준비하라 손님이 제정신이 아니거나, 혼란스러워 보이거나, 비이성적인 행동을 한다면 절대 집에서 내보내지 말자. 손님이 절대 운전대를 잡게 해선 안 된다. 그대로 집에서 내보냈다간 택시나 지하철에서 잠들거나 경찰서에서 신세를 지거나 이보다 심한 일을 겪을 수 있다.

취객의 만행을 용서하라 영화 〈엑소시스트〉에서 악령에 홀린 사람들이 얼마나 교활하고 못된 짓을 하는지 기억하는가? 만취한 손님도 그처럼 충격적인 행동을 할 수 있다(그러고 다음 날 기억 못 할 수도 있다). 당신도 취객의 만행을 용서하고 깨끗하게 잊는 편이 좋다. 손님도 자신이 한 짓을 떠올리면 등줄기가 오싹해질 것이다. 언젠가 당신도 똑같은 실수를 할 수 있으니, 당신이 대접받고 싶은 대로 남을 대접하라.

난장판을 각오하라 〈엑소시스트〉의 또 다른 충격적인 장면을 기억하는가? 손님이 당장은 구역질을 하지 않더라도 양동이를 항시 근처에 준비해두자. 그리고 양동이가 어디 있는지 손님에게 지속적으로 알리자. 악령을 몰아내야 할 수도 있으니 말이다.

인내심을 가져라 커피를 비롯해 술을 깨는 데 좋다는 여러 비법은 잊으라. 오직 시간만이 해결책이다. 술에서 깨기까지 몹시 괴롭겠지만, 다행히도 한숨 자고 나면 해결될 것이다.

의사를 찾아가라 알코올중독 증세에 주의하자. 호흡 곤란, 불규칙한 호흡, 피부색 변화, 발작 등의 증세를 보이는 사람이 있으면 즉시 병원으로 데려간다.

213 파티를 준비하라

파티를 열 계획인가? 그렇다면 기발한 칵테일을 준비하기 위한 몇 가지 아이디어와 팁을 알려주겠다. 어떤 파티를 주최할 계획인가?

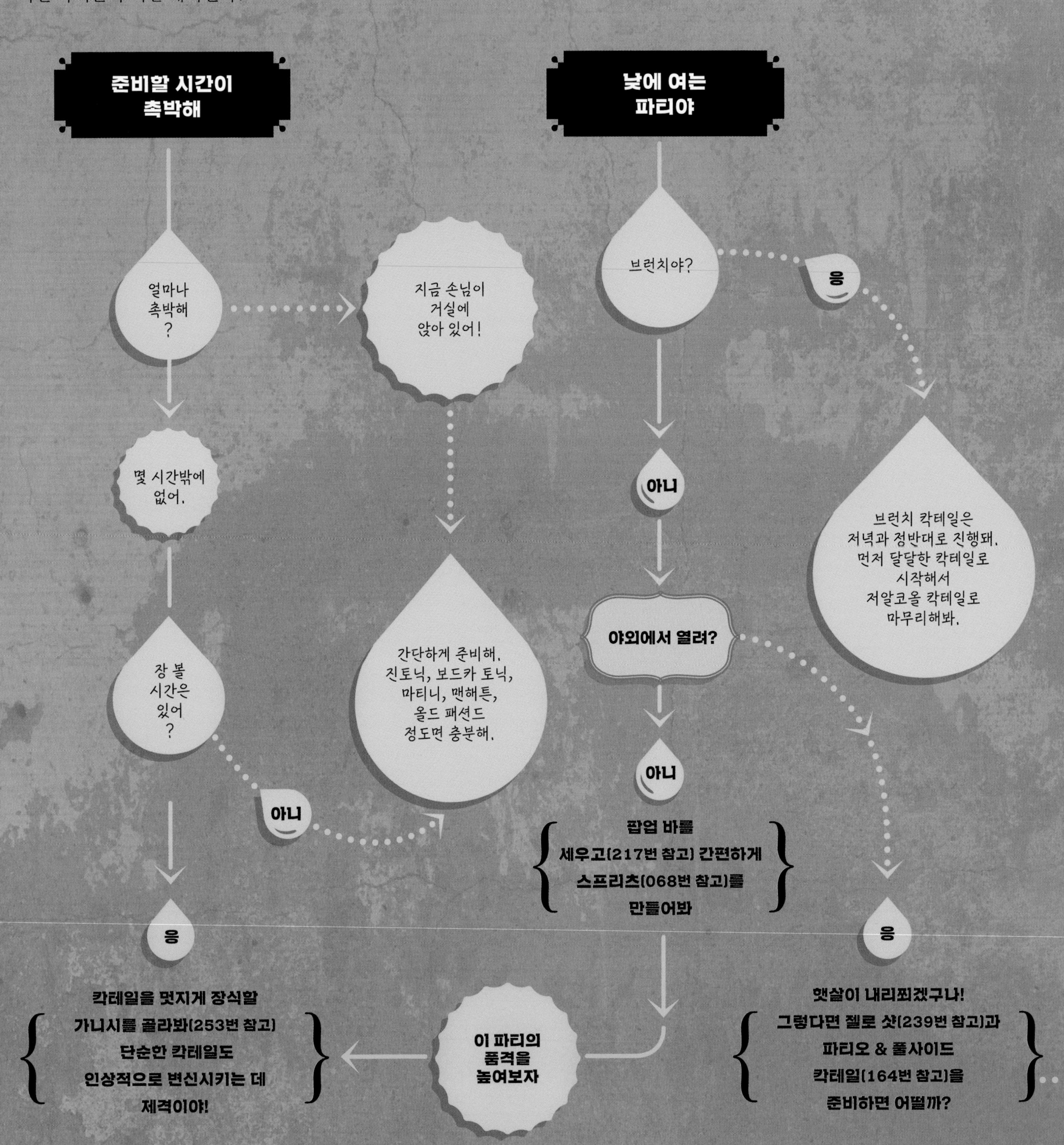

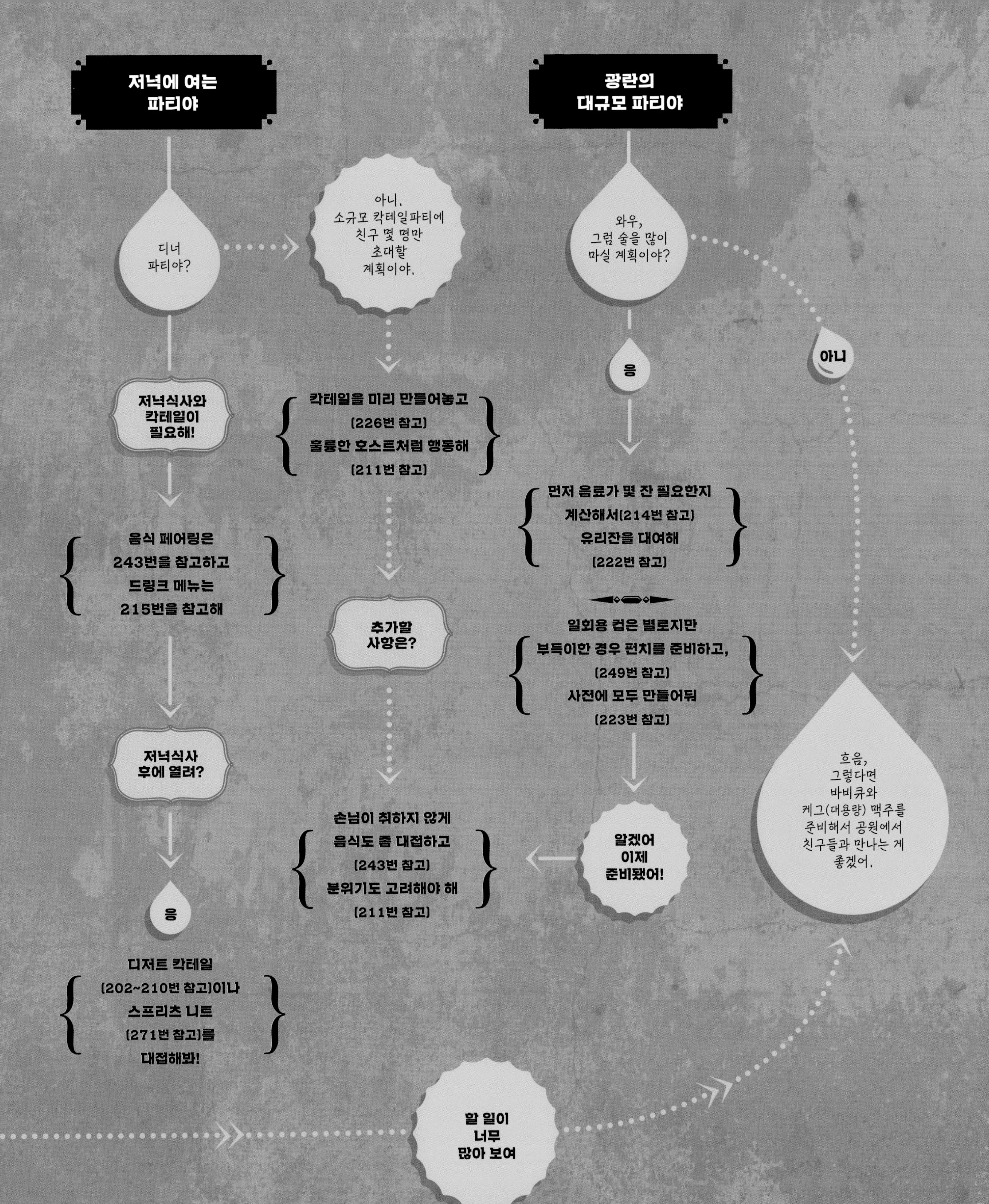

저녁에 여는 파티야
광란의 대규모 파티야
디너 파티야?
아니. 소규모 칵테일파티에 친구 몇 명만 초대할 계획이야.
와우, 그럼 술을 많이 마실 계획이야?
응
아니
저녁식사와 칵테일이 필요해!
칵테일을 미리 만들어놓고 (226번 참고) 훌륭한 호스트처럼 행동해 (211번 참고)
먼저 음료가 몇 잔 필요한지 계산해서(214번 참고) 유리잔을 대여해 (222번 참고)
음식 페어링은 243번을 참고하고 드링크 메뉴는 215번을 참고해
추가할 사항은?
일회용 컵은 별로지만 부득이한 경우 펀치를 준비하고, (249번 참고) 사전에 모두 만들어둬 (223번 참고)
저녁식사 후에 열려?
흐음, 그렇다면 바비큐와 케그(대용량) 맥주를 준비해서 공원에서 친구들과 만나는 게 좋겠어.
손님이 취하지 않게 음식도 좀 대접하고 (243번 참고) 분위기도 고려해야 해 (211번 참고)
알겠어 이제 준비됐어!
응
디저트 칵테일 (202~210번 참고)이나 스프리츠 니트 (271번 참고)를 대접해봐!
할 일이 너무 많아 보여

214 필요한 술과 유리잔의 개수를 파악하라

파티 후에 증류주가 남는 건 큰 문제가 아니다. 그러나 다른 술병이나 케그(대용량) 맥주가 남으면 처치가 곤란하다. 이보다 더 최악은 파티 도중에 술이 동나는 경우다. "어머, 시간이 벌써 이렇게 됐네! 앗, 화분에 물주는 걸 깜빡했네. 이제 집에 돌아가야겠다."라는 말이 여기저기서 들려올 것이다.

파티에 술이 얼마나 필요한지 계산하려면, 일인당 한 시간에 1½잔을 마신다고 예상하면 된다. 물론 밤이 무르익을수록 개수는 줄어들 것이다(당신의 바람일지도 모르지만). 참고로 표준 케그 맥주는 약 57리터로 약 160잔이 나온다. 와인 한 박스는 60잔이며, 증류주 한 병은 약 13샷이 나온다.

가장 이상적인 손님 조합은 술을 잘 마시는 사람, 술을 안 마시는 사람, 적당히 마시는 사람을 골고루 섞는 것이다. 하지만 손님이 어떤지는 호스트가 가장 잘 아니까, 파티광을 많이 초대하면 수량을 늘리고, 파티 후에 차를 운전하는 사람이 많으면 수량을 줄이는 식으로 조절한다.

215

전문적인 칵테일 메뉴를 짜라

칵테일의 맛도 중요하지만, 칵테일 메뉴가 더 중요할 수도 있다. 칵테일은 이름과 설명을 통해 흥미로운 역사와 스토리를 전달하며, 손님은 이를 통해 매력을 느끼고 배우고 즐거움을 느낀다. 바텐더들은 메뉴를 설계하고 구성하는 데 많은 시간을 투자한다. 그러나 홈 파티용 칵테일을 고르는 일은 방법만 터득하면 그리 어렵지 않다. 다음의 몇 가지만 기억하자.

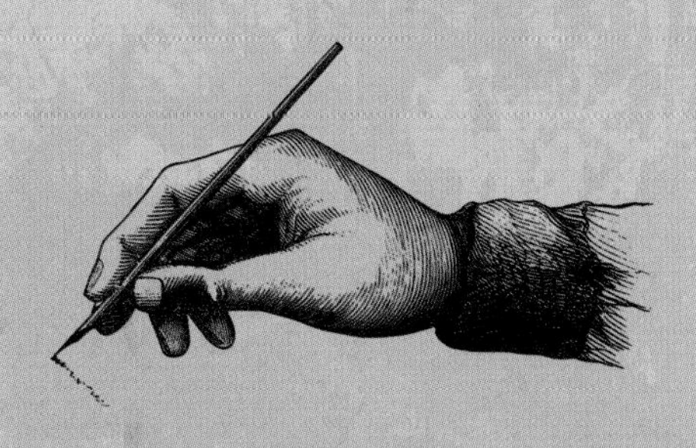

읽기 쉽게 만들어라 폰트를 고르는 데 너무 많은 시간을 할애하지 말자. 그리고 희미한 조명 아래에서도 메뉴를 읽기 쉽게 적당한 사이즈의 깔끔한 폰트를 고르자. 아니면 밤새 모두에게 메뉴를 직접 읊어줘야 할지도 모른다.

칵테일을 현명하게 선택하라 손님을 많이 초대하는 경우, 달걀흰자나 크림이 들어가거나 머들링이 필요한 음료는 피하는 것이 좋다. 이것 말고도 메뉴를 채울 음료는 수두룩하다. 오히려 손님 입장에서는 기다리는 시간이 더 괴롭고, 당신도 팔이 많이 아플 것이다. 특히 머들링을 하면 주변에 축축한 재료가 튈 수도 있고, 수량이 많으면 속도가 느려지고 당신도 지칠 수밖에 없다. 벅, 뮬, 올드 패션드, 스파클링 와인 칵테일처럼 유리잔에 직접 넣어서 만드는 빌드 기법의 칵테일을 선택하자.

칵테일 종류를 제한하라 메뉴 한 장에 모두 들어갈 정도의 칵테일만 넣자. 소규모 바에서도 메뉴에 칵테일 종류가 너무 많으면, 손님은 리스트의 처음 몇 개만 주문하고 나머지는 쳐다보지도 않는다.

손님을 파악하라 손님이 어떤 테마를 선호하는지 파악할 수 있어야 한다. 맥주와 와인 중 어느 것을 더 좋아할까? 먼저 샌디의 변형판인 DST(180번 참고)나 상그리아(177번 참고)를 대접해보자. 그런 다음 당신이 좋아하는 재료를 조금씩 추가하면서 손님도 만족해하는지 관찰한다.

공간의 크기를 파악하라 홈 바를 별도로 제작하지 않는 이상, 일반 가정집에는 대량의 칵테일을 만들 공간이 부족하다. 이럴 땐 펀치가 유용하다.

'로데오 선수'를 준비하라 로데오 선수도 공연을 지속하고 부상을 방지하기 위해 황소의 주의를 돌리듯, 당신도 음료가 끊이지 않고 서빙될 수 있도록 도움이 필요하다. 이럴 때 펀치가 '로데오 선수' 역할을 한다. 펀치는 훌륭한 완충 장치이며, 미리 만들어서 냉장고에 넣어두면 언제든 리필이 가능하다. 사전에 시간을 조금만 투자해서 아름다운 가니시와 펀치 이름표를 만들어놓자. 그러면 당신이 잠시 숨을 돌리는 사이에도 손님들이 알아서 음료를 챙길 수 있다. 호스트가 파티 내내 칵테일만 만들고 있는 것만큼 안타까운 일도 없다.

계절을 고려하라 제철에 맞는 재료만 사야 한다고 훈계를 늘어놓을 생각은 없다(물론 그래야 한다). 하지만 메뉴에 들어갈 칵테일을 고를 때는 계절을 고려하는 편이 좋다. 예를 들어, 숨이 턱턱 막힐 정도로 습도가 높은 날에 독한 올드 패션드를 대접하는 건 별로 좋은 생각이 아니다. 무더운 날에는 주스 같은 상쾌한 칵테일이 어울린다(진토닉처럼 만들기 쉬운 음료도 좋다). 추운 날에는 증류주 중심의 칵테일이 적합하다.

마법의 숫자를 기억하라 대규모 파티를 주최하는 경우, 펀치와 칵테일을 각각 두 종류만 준비하라. 손님이 30명 이하인 경우, 펀치는 한 종류면 충분하다.

유리잔을 다양하게 준비하라 네 가지 칵테일을 모두 하이볼 유리잔에 담아내면 너무 지루하다. 유리잔은 다양하게 준비하는 것이 좋다. 사람들은 시각적으로 흥미로운 음료에 끌리기 마련이다. 유리잔을 다양하게 준비하면 시각적 매력이 높아진다.

216

주방을 홈 바로 활용하라

주방은 집에서 가장 매력적인 공간은 아니지만, 홈 바를 만들기에는 최적의 공간이다. 다음의 몇 가지 주의사항을 살펴보자.

작업 공간 보통 주방에는 이리저리 이동할 수 있는 공간이 충분하며, 칵테일을 만들 조리대도 존재한다. 이때 조리대의 높이가 중요한데, 너무 낮으면 자세가 구부정해져서 허리를 다칠 위험이 있다. 한편, 보통 주방의 공간과 조리대는 청소하기 쉽게 설계돼 있어 사용하기에 편리하다.

수도 시설 홈 바를 만들 때 가장 중요하게 고려할 사항은 개수대 접근성이다. 칵테일 도구를 헹구고 얼음을 바로바로 버릴 수 있어야 하기 때문이다. 만약 홈 바에 수도 시설이 없다면, 주방을 수없이 들락날락해야 한다. 그러다가 결국 홈 바를 버려두고 주방에서 칵테일을 만들게 된다.

저장 공간 보통 주방에는 저장 공간이 이미 설계돼 있다. 어둡고 서늘한 곳에 증류주를 보관하고, 유리잔과 도구를 보관하는 공간도 있을 것이다. 무엇보다 주방에는 얼음, 주스, 수많은 시럽을 보관할 냉장고가 있다.

217 팝업 바를 세워라

손님을 대거 초대해서 손수 칵테일을 만들어주고 싶다면, 바의 위치를 상황에 맞게 바꿔야 할 수도 있다. 팝업 바도 준비 사항은 똑같다. 다만 이동하기 편리한 형태로 바를 세운다면, 큰 무리 없이 손님맞이를 준비할 수 있다.

•➔ 작업 공간을 확보하라

일시적인 팝업 바에는 접이식 테이블이 제격이다. 이때 테이블 다리에 발통을 연결해서 높이를 높여줘야 한다. PVC 파이프로도 높이 조절이 가능한데, 파이프 지름이 충분히 넓어야 테이블 다리를 파이프 안으로 끼울 수 있다. 또한 당신이 이동하기에 편리하게 테이블들을 배치하자. 벽에 붙어서 일하는 건 즐겁지 않다.

•➔ 물을 가까이 두라

물을 사용하고 버릴 수 있는 곳이 가까이 있어야 한다. 개수대가 근처에 없다면, 얼음을 버리고 칵테일 도구를 헹굴 수 있는 주방용 양동이를 몇 개 구입하자. 그리고 바닥이 젖지 않게 양동이 밑에 매트를 깔고, 당신의 동선에도 미끄럼 방지 매트를 깔아둔다.

•➔ 재료는 보이지 않게 숨겨라

테이블에 식탁보를 깔아서 앞에서 봤을 때 아래쪽이 보이지 않게 한다. 이곳에 얼음을 버리고 도구를 헹구는 양동이를 둘 수 있고, 너저분한 도구나 재료도 보이지 않게 보관할 수 있다. 유리잔을 여러 종류나 다량으로 사용하는 경우, 뒤쪽에 별도로 마련한 테이블에 놓는다.

•➔ 얼음을 넉넉하게 준비하라

쿨러(냉장박스)를 사용하면 다량의 얼음을 가까이 두고 바로바로 쓰기 좋다. 쿨러를 박스나 여분의 쿨러 위에 올려서 높이를 편하게 조절하자. 얼음을 푸는 데는 허리 높이가 가장 이상적이다.

218 홈 바를 프로처럼 구성하라

홈 바의 구성과 도구의 위치는 프로 바텐더의 칵테일 바 못지않게 중요하다. 칵테일을 효율적으로 만드는 동시에 손님을 제대로 접대하는 데 필요하기 때문이다. 홈 바를 채우기 전에 구성이 어떻게 되는지 살펴보자.

➜ **레일** 인기 많은 음료와 스페셜 메뉴에 가장 많이 사용하는 증류주를 보관하는 곳이다. 바텐더의 앞쪽 하단에 위치하는 것이 가장 이상적이다. 손님에게 재료가 보이지 않으면서 바텐더의 손에 닿는 위치다.

홈 바에도 유용할까? 집에서 파티를 주최할 때 유용하긴 하겠지만, 자주 사용하는 병들을 테이블 바에 올려놓아도 괜찮다. 오히려 병을 줄지어 세워놓고, 도구나 레시피 종이를 병 뒤에 숨겨놓을 수 있어 좋다.

➜ **개성적 구역** 바텐더가 손님에게 음료를 전달하는 구역으로 바텐더는 자신만의 개성을 발휘해 즐거운 분위기를 조성한다.

홈 바에도 유용할까? 홈 바는 당신의 바이자 무대다. 당신 팬들의 즐거움을 위해 최선을 다하자.

➜ **하부장 테이블** 바 아래 예비용 증류주, 구급상자, 타월, 작은 잡동사니를 넣어두는 곳이다.

홈 바에도 유용할까? 그렇다. 전면이 뚫려 있어서 예비용 증류주와 얼음이 훤히 보인다면, 식탁보를 깔아서 잡동사니가 보이지 않게 전면을 가리면 된다.

➜ **백 바** 바텐더의 바로 뒤편에 위치하며 고급 주류, 서적, 유리잔을 보관하는 곳이다.

홈 바에도 유용할까? 그렇다. 특히 파티를 주최할 때 유용한데, 메뉴를 따로 준비하지 않아도 손님이 백 바를 훑어보고 어떤 음료가 있는지 확인할 수 있다. 또한 유리잔을 꺼내기도 쉽다.

아이스 빈 스테인리스스틸 재질의 대형 얼음통으로, 바텐더 작업대의 아래 또는 옆에 있으며 레일보다 위쪽에 위치한다. 전문가용 아이스 빈에는 주스병, 스파클링 와인, 소다를 칠링할 수 있는 공간도 있다.

홈 바에도 유용할까? 그렇다. 얼음 빠진 칵테일은 술을 스트레이트로 병째 마시는 것과 다름없다. 믹싱용 얼음과 칵테일용 얼음은 큼직한 아이스버킷에 담고, 주스, 소다, 믹서류를 위한 작은 용기도 준비한다.

서비스 구역 바텐더가 두 명 이상인 경우, 바가 아닌 플로어에 있는 손님을 위한 음료를 만드는 구역이다. 앞쪽에 바 매트나 스툴이 없다면, 종업원을 방해하지 말라는 뜻이다.

홈 바에도 유용할까? 웨이터가 돌아다니면서 음료를 서빙하는 우아한 디너파티를 주최하는 경우, 한쪽 코너에 바를 설치해서 칵테일을 제공하는 것이 바람직하다.

바백 바텐더와 한 팀으로 일하는 사람이다. 재료가 부족하지 않게 준비하고, 주변을 깨끗하게 정리하고, 도구를 청결하게 관리하며, 주스와 가니시를 미리 준비한다. 이 밖에도 모든 잡무를 담당하며 바텐더가 음료 제조에만 집중할 수 있도록 보조한다.

홈 바에도 유용할까? 손님을 대거 초대한 경우, 바백이 있으면 호스트가 칵테일을 만들고 손님을 대접하는 일에만 집중할 수 있다.

가니시 빈 올리브, 시트러스 조각, 체리, 기타 가니시를 칸칸이 담을 수 있는 트레이다. 당신이 바텐더가 아닌 이상 가니시 빈에 손을 대거나 내용물을 사용하는 건 금물이다.

홈 바에도 유용할까? 그렇지만 필수는 아니다. 괜찮은 유리용기나 작은 그릇만 있어도 충분하다. 단, 가니시용 집게는 잊지 말고 꼭 준비하자.

USBG | 세인트루이스 지부

✦ 맷 소럴 ✦

공동 소유주 | 칵테일즈 아 고!Cocktails Are Go!

219

홈 바의 위치를 선정하라

손님을 대접하는 홈 바의 위치는 칵테일 자체만큼 중요하다. 무엇보다 공간의 흐름이 중요하다. 이는 셀프 서브 바를 비롯한 모든 이벤트에 해당하며, 대규모 파티에는 필수다.

사람들은 자연스럽게 음료와 무리가 있는 쪽으로 몰리기 마련이다. 따라서 무리가 어디에 형성되고 파티의 동선에 어떤 영향을 미치는지 고려한다. 홈 바의 위치를 선정할 때는 입구가 많은 방을 선택하는 것이 좋다. 또한 다른 방으로 이어지는 출구가 있어야 사람들이 바 앞에만 정체돼 있지 않고 분산된다. 현관이나 선룸처럼 막힌 공간은 피하는 것이 좋다. 손님이 음료를 손에 든 채 갈 곳을 잃고 방황할 수 있다.

220 아이 콘택트를 하라

공간이 허용된다면 손님이 새로 들어오면 눈을 마주칠 수 있는 곳에 홈 바를 설치하자. 특히 호스트가 칵테일을 만든다면 이는 더욱 중요하다. 손님은 호스트와 눈을 마주침으로써 환대받는 느낌을 받고, 호스트가 어디에 있는지 확인할 수 있다. 무엇보다 술이 어디에 있는지 바로 알 수 있다.

221 분위기를 조성하라

사람들이 파티에 가는 이유는 바에 가는 이유와 대동소이하다(단지 술을 마시는 게 목적이 아니다). 사람을 사귀고 서로 소통하기 위해서다. 좋은 파티 분위기란 훌륭한 바처럼 자연스럽게 소통이 이루어지게 만든다.

안락함

일상적인 자리 배치는 대규모 파티에 적합하지 않을 수도 있다. 자리 배치가 문을 막거나 누군가를 고립시키지 않도록 주의하자. 그리고 접시와 음료를 놓는 자리와 너무 멀어서도 안 된다. 파티룸 이곳저곳에 테이블을 분산해 배치하고 여분의 의자를 놓으면 모든 손님이 더욱 안락하게 파티를 즐길 수 있다.

조명

얼굴을 똑바로 비추는 밝은 조명처럼 사람을 위축시키는 게 없다. 마치 취조실에 앉아 있는 듯한 느낌이 든다. 조명의 밝기를 낮추자. 만약 이것이 불가능하다면, 저출력 전구나 빛이 부드러운 전구로 교체한다. 아니면 조명을 아예 끄고 램프나 젤 필터를 씌운 휴대용 조명을 사용한다.

음악

음악의 장르와 음량도 파티에 영향을 미친다. 따라서 손님의 취향과 테마를 파악해서 적절한 음악을 선택한다. 또한 손님이 오고 갈 때마다 음량을 지속적으로 확인한다. 플레이리스트를 직접 만들 자신이 없다면, 파티에 어울리는 스트리밍 서비스를 이용하는 것도 좋은 아이디어다.

222 유리잔을 대여하라

파티를 열어서 손님 50명을 초대하기로 했다. 근데 마티니 50잔을 만들 유리잔이 부족하다. 식은땀이 주르륵 흐르기 시작한다. 그렇다고 일회용 플라스틱 컵을 사용하진 말자. 더 간단하고 우아한 방법이 있다. 바로 이벤트업체나 파티용품 대여점에서 빌리는 것이다.

주문량이 최소 수량에 미치지 못하면, 직접 픽업 가야 할 수도 있다(테이블, 테이블보, 의자가 추가로 필요하다면, 파티 규모는 충분히 큰 편이다). 케이터링 서비스를 이용하는 경우, 케이터링 회사에서 기본적인 대여용품을 제공하므로 파티에 필요한 용품도 함께 가져올 것이다.

가장 좋은 점이 무엇인지 아는가? 파티 전에는 알아서 깔끔하게 세팅해주고, 파티가 끝난 후에는 알아서 수거해가니, 설거지를 전혀 할 필요가 없다는 사실이다!

223

칵테일을 미리 만들어라

거의 모든 칵테일은 대량으로 미리 만들어도 무방하다. 나중에 필요에 따라 흔들거나 저으면 된다. 이런 경우 참고할 만한 몇 가지 주의사항을 살펴보자.

달걀흰자나 크림이 들어가는 칵테일은 사전에 대량으로 만들어놓을 수 없기 때문에 대규모 이벤트에는 적합하지 않다. 칵테일의 볼륨과 질감을 제대로 살리기 위해서는 꽤 많은 양을 흔들어야 하기 때문이다. 프렌치프라이를 튀긴 직후에 먹어야 가장 맛있는 것처럼 말이다.

기포가 있는 칵테일의 경우, 모든 재료를 최대한 차갑게 유지한다(그래야 기포가 오래 유지된다). 그리고 스파클링 재료는 가장 마지막에 각 잔마다 별도로 붓는다.

224

레시피의 비율을 따져보라

스프레드시트 프로그램을 활용해서 어려운 수학 문제를 풀 시간이다. 이런 취향이 아니라면, 레시피를 비율로 따져보면 된다. 언제나 예외는 있지만, 대부분의 경우 비율에 맞춰 전체적인 양을 조절하면 좋다. 예를 들어 기본적인 사워 레시피(046번 참고)는 증류주 2oz에 시트러스와 스위트너를 각각 ¾oz씩 넣는다. 계산하기 쉬워 보이는 숫자는 아니지만, 비율이 8:3:3이라고 생각하면 쉽다. 복잡하다고? 솔직히 그렇긴 해도 유용할 때가 있다.

225

양동이를 구비하라

상업용 주방이 아닌 이상 칵테일을 한꺼번에 대량으로 만들어서 보관할 대형 용기가 없을 것이다. 그러나 근처 생활용품점에 해결책이 있다. 바로 19리터짜리 식품 등급의 저렴한 플라스틱 양동이를 구매하면 된다(필요에 따라 뚜껑도 함께 구매할 수 있다). 단, 식품 등급인지 반드시 확인한다. 페인트를 섞는 용도의 양동이는 사용하면 안 된다.

226 사전에 대량으로 만들어라

칵테일을 사전에 대량으로 만들 때, 마지막 부분까지 완성해두지 않기도 한다. 여섯 가지 재료가 들어가는 음료를 두 단계까지 간소화할 수도 있고, 손님에게 보여줄 쇼맨십을 남겨놓을 때도 있다. 이는 흔히 사용되는 방법으로, 양질의 칵테일을 신속하게 제공할 수 있다. 핵심은 증류주, 리큐어, 스위트너, 시럽 등 비휘발성 재료를 모두 섞어놓는 것이다. 단, 대량으로 만들기 전에 한 잔 분량을 먼저 만들어봐야 한다. 그리고 한 잔에 들어가는 비휘발성 재료들의 총량을 메모해둔다. 그런 다음 정확하게 계량해서 대용량을 만든다. 자칫 칵테일의 균형이 깨질 수 있으므로 눈대중으로 대충 측정하면 안 된다.

227 시원한 칵테일로 따뜻하게 맞이하라

파티에 초대한 모든 손님에게 일일이 인사하고 칵테일도 만들어주다 보면 대기 줄이 길어질 수밖에 없다. 파티 테마가 미국 교통안전청이 아닌 이상, 손님이 음료 한잔을 마시기 위해 40분씩 기다리게 하지 말자. 그렇다면 어떻게 대기 시간을 단축할 수 있을까.

첫 번째 음료와 마지막 음료는 사전에 대량으로 만들어놓는다. 그러면 호스트도 남는 시간에 손님과 인사하고 대화를 즐길 수 있다. 모든 손님에게 빠짐없이 인사를 건네며 미리 만들어놓은 칵테일을 권하는 것이 바람직하다. 그리고 손님이 직접 음료를 챙길 수 있게 셀프 서브 바를 만들어서 펀치, 피처, 병 칵테일, 젤로 샷 등을 차려놓는다. 그러면 파티를 마무리하는 데 필요한 시간을 확보할 수 있다(아무리 완벽하게 계획해도 한두 가지는 반드시 까먹기 마련이다).

만약 손님 한 명 한 명에게 손수 칵테일을 만들어주고 싶다면, 얼음, 가니시, 소다를 제외한 모든 재료를 미리 섞어놓고 손님이 도착하는 순간 흔들어서 내놓으면 훨씬 간편하다.

228

얼음 몰드를 활용하라

시트러스, 허브, 꽃, 기타 가니시를 얼려서 개성 있는 얼음을 만들면, 칵테일에 또 다른 재미를 더할 수 있다.

그런데 집에서 만든 얼음은 대부분 살짝 혼탁하며, 가니시는 얼음의 위쪽이나 아래쪽에 몰려 있다. 이를 방지하려면, 얼음 몰드나 일반 얼음 틀의 바닥에 가니시를 깔고 물을 자작하게 부어서 얼린다. 그 위에 물을 붓고 다시 얼린다. 이런 식으로 가니시 층을 쌓아가다가 높이 ¾지점에서 멈춘다(물이 얼면서 그 위로 부풀어 오른다).

229

얼음 절단 과정을 알아보자

수정처럼 맑은 얼음을 구하려면 얼음업체에서 구매한 대형 얼음 덩어리를 잘라서 써야 한다. 하지만 얼음 절단기를 구매하려면 수백 달러가 필요하므로 취미로 바텐딩을 하는 사람에게는 적합하지 않다. 그러므로 가정에서는 얼음 몰드를 활용하거나 업체에 얼음을 잘라달라고 요청하는 수밖에 없다(040번 참고). 그래도 136kg짜리 얼음 덩어리를 어떻게 작게 자르는지 알아두면 도움이 될 것이다.

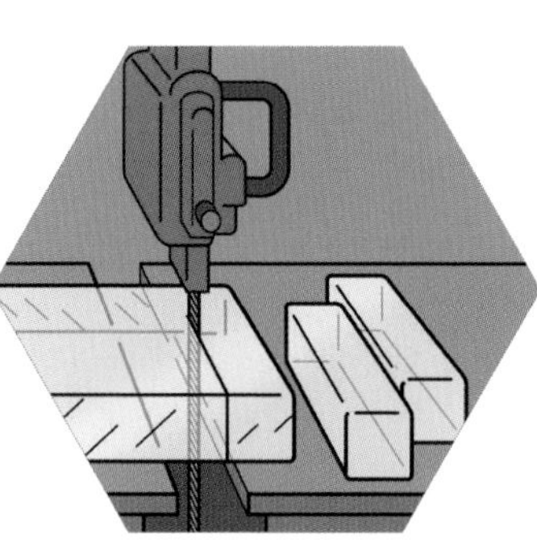

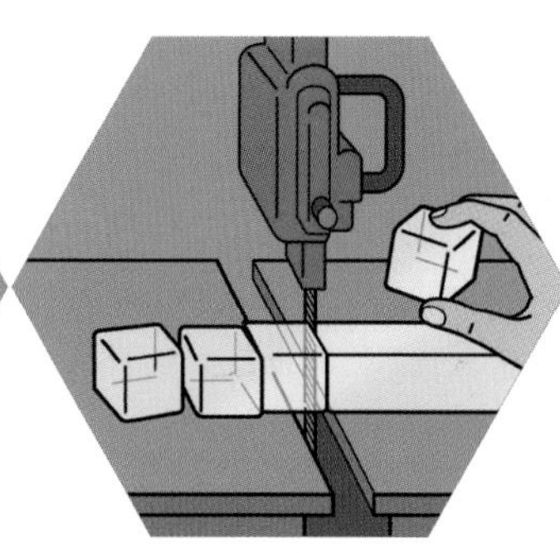

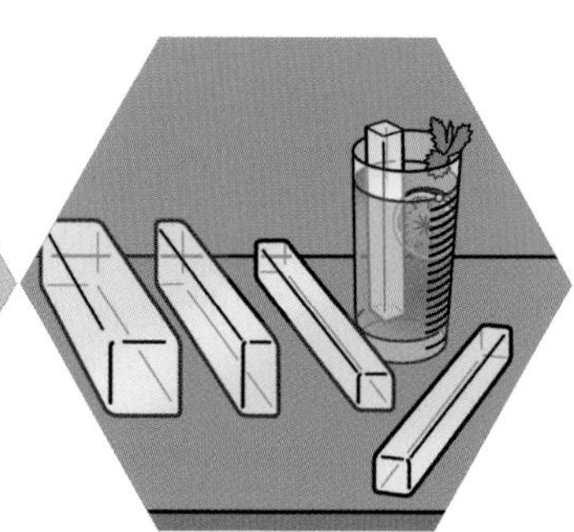

➜ **1단계** 밀링 장치를 장착한 전기체인톱으로 두께를 일정하게 설정해서 얼음 덩어리를 넓적한 모양으로 자른다. 이때 설정한 두께가 최종 얼음 큐브의 크기가 된다.

➜ **2단계** 밴드형 티톱이나 체인톱으로 넓적한 얼음을 기둥 모양으로 절단한다. 이때 각 기둥의 너비와 길이가 모두 같도록 균일하게 자른다.

➜ **3단계** 기둥 모양의 얼음을 큐브 모양으로 자른다.

➜ **4단계** 콜린스 잔과 하이볼 잔에 들어가는 막대 얼음을 만들려면, 기둥 모양의 얼음을 세로로 길게 이등분한다. 그런 다음 또 세로로 이등분해서 길고 얇은 막대 모양을 만든다.

230

얼음이 들러붙지 않게 하려면

힘들게 자른 얼음이 냉동실에서 서로 들러붙지 않게 주의하자. 간단한 해결책이 있는데 바로 보드카다. 이 보드카는 당신이 아니라 얼음을 위한 것이다(전기톱이 집에 없다면 더더욱 양보해야 한다).

깨끗한 스프레이 공병에 보드카를 담아서 얼음의 전면에 가볍게 뿌린다. 보드카는 물보다 결빙온도가 낮기 때문에 얼음이 서로 들러붙는 걸 방지한다.

232

마시는 물도 맛있어야 한다

파티에서 자주 간과되는 중요한 요소가 있는데, 바로 물이다. 물은 수분을 보충해서 숙취를 방지하며, 술 마시는 속도를 늦추는 역할을 한다. 물의 접근성과 맛을 높이는 데 조금만 신경 써도 파티의 품격이 한층 높아진다.

시트러스 껍질, 민트 잎, 오일 껍질, 기타 가니시 등을 물에 넣고 우리면, 고급 스파 스타일의 물이 완성된다. 이처럼 적은 노력으로 물맛도 높이고, 칵테일을 만들고 남은 음식물 쓰레기도 줄이며, 모든 재료를 효율적으로 활용할 수 있다. 물에 시트러스 휠이나 오이 슬라이스를 넣으면, 맛도 좋고 보기에도 예쁘다.

231

목테일도 준비하라

목테일(무알코올 칵테일) 레시피를 한두 가지 알고 있으면 손님을 대접하는 데 매우 유용하다. 손님마다 각자 다른 이유로 목테일을 요청할 수 있지만, 궁극적인 목적은 모두 같다. 소외된 느낌 없이 파티를 즐기고, 다른 사람이 비음주자를 불편해하는 상황을 피하기 위해서다. 무엇보다 술을 마시지 않는 이유를 궁금해하지 말자. 새로운 식이요법을 시작했거나, 약을 복용 중이거나, 임신 초기거나, 금주를 선언하는 등 여러 이유가 있을 것이다. 어쩌면 지난밤에 마신 술이 아직 깨지 않았을 수도 있다.

목테일의 외관과 느낌도 맛 못지않게 중요하다. 만약 목테일이 파티 분위기를 담아내지 못한다면, 모든 노력이 헛수고로 돌아갈 것이다. 그러므로 손님이 아이들 테이블에 앉은 것처럼 느끼지 않도록 가니시부터 유리잔까지 꼼꼼하게 준비하자.

233  환상적인 목테일을 만드는 DO & DON'T

다음은 좋은 목테일을 만들기 위한 몇 가지 기본 규칙이다. 목테일에는 무엇보다 술이 들어가선 안 된다. 그리고 다른 칵테일 레시피처럼 균형과 맛이 중요하다.

DO	DON'T
손님이 취하지 않게 한다. 몸이 부르르 떨리게 만드는 신맛은 술 마시는 속도를 늦춰준다.	'버진' 함정에 빠지지 않는다. 칵테일에서 술만 뺀다고 맛있는 목테일이 되진 않는다.
목테일도 칵테일과 마찬가지로 항상 균형감, 희석 정도, 풍미를 염두에 두고 만든다.	스파클링 워터에 얼음을 넣은 것은 목테일이 아니다. 손님이 다른 사람에게 자랑할 만한 음료를 대접하자.
콜린스 잔이나 하이볼 잔을 사용한다. 양이 많아져도 충분히 담을 수 있다.	크기가 작은 잔은 아무리 예뻐도 사용하지 않는다. 목테일은 마시기 쉽기 때문에 작은 잔에 대접하면 금세 두 번째 잔을 만들어야 한다.
초반에는 집에 있는 주스, 시럽, 비터스 등을 적극적으로 활용한다.	목테일을 만드는 데 재료(믹서, 시럽 등)를 몽땅 써버리지 않게 주의한다. 칵테일도 만들어야 하니까!
사워와 팔로마의 공식을 고려해서 레시피를 개발한다.	주스와 시럽을 남용하지 않는다. 소다수, 토닉, 진저비어를 많이 넣어야 너무 달지 않은 목테일을 만들 수 있다.

234

목테일에 비터스를 소량 넣어보라

보통 칵테일 비터스에는 알코올이 함유돼 있어서 이를 목테일에 넣는 것에 대해 논란이 많다. 하지만 비터스는 단순한 음료(특히 무알코올)에 다층적인 복합미를 더하는 데 탁월하다. 그래서 거의 티 나지 않을 정도로 미량의 비터스를 목테일에 넣기도 한다. 단, 손님이 알레르기가 있는지, 미량이라도 비터스는 절대 싫은지 미리 확인하자. 알코올을 마시지 못하는 사람을 위한 훌륭한 레시피 몇 가지를 알아보자.

235

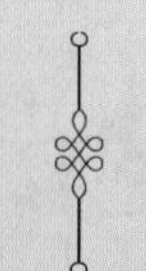

세인트 티키
SAINT TIKI

오렌지 주스	59㎖(2oz)
파인애플 주스	59㎖(2oz)
라임 주스	22㎖(¾oz)
시나몬 단미 시럽(1:1)	15㎖(½oz)
티키 비터스(선택)	2대시
진저비어	
민트 잔가지	

➜ 칵테일 셰이커에 오렌지 주스, 파인애플 주스, 라임 주스, 시나몬 단미 시럽, 비터스(선택)를 넣는다. 여기에 얼음을 추가한 뒤 8~10초간 세차게 흔든다. 그리고 스트레이너에 걸러서 차가운 쿠프 잔이나 칵테일 잔에 따른다. 그 위에 진저비어를 붓고, 민트 잔가지를 올려 장식한다.

236

포로마
FAUX-LOMA

자몽 주스	59㎖(2oz)
라임 주스	30㎖(1oz)
단미 시럽(1:1)	30㎖(1oz)
소다수 또는 자몽 소다	
라임 웨지	

➜ 칵테일 셰이커에 자몽 주스, 라임 주스, 단미 시럽을 넣는다. 여기에 얼음을 추가하고 8~10초간 세차게 흔든다. 그런 다음 스트레이너로 걸러서 얼음이 든 콜린스 잔이나 하이볼 잔에 따른다. 여기에 소다수(또는 자몽 주스)를 채우고, 라임 웨지로 장식한다.

237

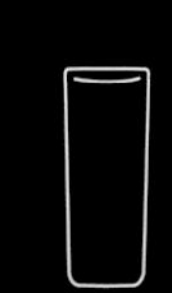

허니비 피즈
HONEYBEE FIZZ

레몬 주스	59㎖(2oz)
진한 꿀 시럽(2:1)	44㎖(1½oz)
소다수	
앙고스투라 비터스(선택)	2대시
체리	

➜얼음이 든 콜린스 잔이나 하이볼 잔에 레몬 주스와 꿀 시럽을 넣고 젓는다. 그 위에 소다수를 붓고 비터스(선택)를 추가한 뒤 체리로 장식한다.

238

와일드 뮬
WILD MULE

라임 주스	30㎖(1oz)
단미 시럽(1:1)	15㎖(½oz)
진저비어	
라임 휠	

•➔ 얼음이 든 머그나 올드 패션드 잔에 라임 주스와 단미 시럽을 넣는다. 그 위에 진저비어를 붓고, 라임 휠로 장식한다.

USBG | 북동부권역 부회장

✦ 조너선 포가시 ✦

회장 겸 오너 | 더 칵테일 구루The Cocktail Guru, Inc.

239 워터멜론 진저 젤라틴 샷

WATERMELON-GINGER GELATIN SHOTS

젤로 샷 칵테일은 언제나 재밌지만, 과일 조각을 파서 그 안에 담으면 훨씬 더 재밌어진다. 젤라틴이 굳으면 당도가 낮아지기 때문에, 액체 상태일 때 평소 취향보다 더 달아야 한다. 이 레시피에서는 작은 수박을 사용하는데, 껍질이 있는 과일이라면 무엇이든 상관없다.

작은 수박	1개
레모네이드	½컵
수박 주스	1컵
진저 리큐어	1컵
릴레 로제Lillet Rosé 아페리티프	½컵
차가운 물	118㎖(4oz)
젤라틴가루	2테이블스푼(또는 판젤라틴 1장)
끓는 물	177.5㎖(6oz)
히비스커스 시솔트(또는 플레이키 솔트)	

•➔ 수박을 반으로 잘라 과육을 파내 수박 주스를 만든다. 속을 파낸 수박 밑부분을 살짝 잘라내 안정적인 베이스를 만든다. 이렇게 하면 수박 껍질에 담긴 내용물이 냉장고에 흐를 염려가 없다.

•➔ 별도의 그릇에 레모네이드, 수박 주스, 리큐어, 아페리티프를 넣고 혼합한 뒤 옆에 놓아둔다(칵테일 혼합물).

•➔ 내열 용기에 젤라틴가루를 넣고 차가운 물을 부어 잘 섞는다. 여기에 끓는 물을 붓고, 젤라틴이 완전히 녹을 때까지 젓는다. 젤라틴이 다 녹으면 칵테일 혼합물을 붓고, 저어서 잘 섞는다. 그런 다음 속을 파낸 수박 껍질에 모두 붓고, 밤새 냉장고에 넣어둔다.

•➔ 액체가 굳으면, 수박을 24조각으로 자른 뒤, 각 조각에 소금을 한 꼬집씩 뿌린다. 먹을 때는 스푼을 사용해 떠먹는다.

240  젤라틴과 한천의 차이

젤라틴은 육류의 부산물(뼈, 껍질 등)에서 추출한 콜라겐으로 만든 동물성 식품이다. 따라서 채식주의자, 비건, 종교적 이유로 제한적 식이요법을 하는 사람들은 젤라틴을 먹을 수 없다. 다행히 한천처럼 식물성 제품이면서도 젤리틴과 똑같은 역할을 하는 대체품이 있다. 다만 한천을 사용하면, 질감이 더 단단하고 약간 우둘투둘해진다. 한천을 사용한다면, 레시피에서 젤라틴 1테이블스푼을 한천 1티스푼으로 대체하고 뜨거운 물을 붓는다.

241

젤라틴 칵테일을 주의하라

솔직히 말하자면, 칵테일 중에 젤라틴 칵테일이 가장 두렵다. 일반 칵테일은 마시면 반응이 바로 오지만, 젤라틴 샷은 반응이 늦게 찾아와서 효과를 예측하기 어렵기 때문이다. 그래서 계속 먹어도 아무런 반응이 없다고 생각하면서 과식하게 된다. 그러다가 갑자기 훅 가버린다. 그러므로 하루에 두 잔 이상 먹지 말자.

242

버번 볼
BOURBON BALLS

버번 볼은 잘 숙성해야 최고의 풍미를 끌어낼 수 있지만, 너무 오래 기다려도 안 된다. 위스키가 증발해서 버번 볼이 바스러질 수 있기 때문이다. 만약 위스키를 별로 좋아하지 않는다면, 다른 증류주로 대체해도 무방하다.

바닐라 웨이퍼	1상자(12oz)
세미스위트 초콜릿	170g(6oz)
황설탕(꾹 눌러 담는다)	½컵(3½oz)
라이트 콘 시럽	¼컵(2½oz)
버번위스키	89㎖(3oz)
소금	1꼬집
피칸	2컵

•➔ 바닐라 웨이퍼 조각을 튼튼한 지퍼백에 담아 밀대로 내리쳐서 곱게 으깬다. 초콜릿은 잘게 다지고, 피칸은 살짝 토스팅해서 잘게 다진다. 잘게 다진 초콜릿은 그릇에 담아 가끔씩 저으면서 끓는 물에 중탕하고, 다 녹으면 다른 그릇에 옮겨 담는다. 여기에 황설탕, 콘 시럽, 버번위스키, 소금을 추가한 뒤 저어서 완전히 혼합한다. 그런 다음 으깬 바닐라 웨이퍼와 절반 분량의 피칸을 추가한다.

•➔ 반죽을 지름 2.5cm의 공 모양으로 빚는다. 나머지 피칸을 그릇에 흩뿌리고 그 위에 반죽을 굴려서 피칸을 골고루 묻힌다. 이 같은 방법으로 버번 볼을 약 48개 만든다.

•➔ 버번 볼 사이에 유산지를 깔고, 밀폐용기에 넣어서 보관한다. 풍미를 융합하기 위해 냉장실에 최소 24시간 넣어둔다.

케이트 볼턴 ✦ 바 매니저 | 아메리카노Americano

243  칵테일과 음식을 페어링하라

칵테일에 어울리는 음식을 찾기란 꽤 어렵다. 칵테일의 강한 풍미와 알코올이 식재료의 섬세하고 미묘한 맛을 해칠 수 있기 때문이다. 그러나 칵테일도 얼마든지 음식과 조합할 수 있으며, 이를 즐기는 사람도 꽤 많다. 모임을 주선할 기회가 있다면, 다음의 몇 가지 제안을 시도해보자.

전형적인 칵테일의 맛을 초월하라

피스타치오, 그레인 머스터드, 홉, 향신료(롱페퍼, 핑크 페퍼콘)를 팅크제나 시럽으로 만들거나 침출법을 활용해서 칵테일에 넣어보자. 요리 기술을 과감하게 칵테일에 적용해서 신선하고 흥미로운 조합을 만들어보자. 압생트로 소르베를 만들고, 딸기를 그릴에 구워서 시럽으로 만들고, 코냑에 브라운버터를 우려보는 건 어떨까?

재료의 남용을 피하라

생강, 아몬드, 레몬, 아니스, 흑후추처럼 음식과 음료의 경계를 넘나들며 어디에든 잘 어울리는 재료가 있다. 그러나 음식이나 음료에 항상 이 재료만 넣는다면 금방 질릴 것이다. 대신 이와 비슷한 풍미를 지닌 재료를 시도해보자. 압생트 대신 회향이나 타이바질을 사용하고, 아몬드 대신 헤이즐넛 시럽을 만들어보는 건 어떨까.

음식의 맛을 따라 하지 마라

옷을 입을 때처럼 서로 맞추려 하지 말고 보완이 되는 재료를 고르자. 음식에 로즈마리가 들어갔다면 칵테일에 타임을 넣고, 음식에 토마토가 들어갔다면 음료에는 딸기를 넣는다. 실제로 토마토와 딸기는 화학 성분과 풍미 특성이 매우 비슷해서 서로 자연스럽게 어우러지며, 같은 재료를 두 번 쓰는 것보다 훨씬 훌륭한 페어링을 보여준다.

칵테일을 페어링하라

기본적으로 칵테일은 와인을 고를 때와 비슷한 방식으로 선택하면 좋다. 가벼운 해산물 요리에는 스파클링 와인 칵테일이나 다이키리처럼 산도가 높고 기포가 있는 가벼운 스타일이 어울린다. 반면 고기와 찜 요리에는 맨해튼처럼 풍성하고 어두운 칵테일이 어울린다. 단, 알코올 함량이 너무 높으면 음식의 맛을 압도해버리므로 독한 술은 피하는 것이 좋다.

디저트와 칵테일을 페어링하라

칵테일과 디저트를 페어링할 때는 칵테일이 무조건 디저트보다 더 달아야 한다. 아니면 칵테일이 달달한 디저트에 비해 싱겁고 밋밋하게 느껴질 것이다.

244

칵테일에 안주를 곁들여라

많은 문화권이 음식에 항상 술을 곁들인다. 일본에는 이자카야, 스페인에는 타파스 바, 한국에는 호프집과 술집이 있다. 술과 안주는 본래 함께 즐기는 게 맞다. 실제로 프라이드치킨과 맥주의 조합은 진정한 러브스토리처럼 옳다. 멕시코 술집에서는 보타나(스낵)와 술을 함께 내놓으며, 술을 추가로 주문할 때마다 안주가 점점 더 푸짐해진다. 이탈리아에서는 아페리티보 시간대에 스프리츠, 아페리티프 음료와 함께 언제나 올리브, 칩스, 스낵이 등장한다. 씁쓸한 풍미와 고지방 음식은 천상의 궁합을 자랑한다. 전설적인 스리 마티니 런치three-martini lunch는 특정 집단에서 명예의 훈장처럼 여겨지지만, 사실상 잘못된 결정의 연속으로 탄생한 관습에 불과하며 끔찍한 숙취는 여러 문제를 수반한다. 그래도 굳이 하겠다면, 빈속에 마시지 않길 바란다.

245

가니시 레이어를 쌓아라

가니시를 항상 유리잔의 테두리에 꽂거나 음료 위에 얹어야 한다는 법은 없다. 음료에 얼음을 넣거나 음료를 긴 유리잔에 담는 경우, 허브나 얇은 과채 슬라이스를 얼음 사이사이에 넣기도 한다.

음료를 만들기 전에 가니시를 미리 준비하도록 하자. 허브, 베리류, 오이나 시트러스를 둥근 모양으로 얇게 썬 것, 사과 슬라이스 등 자유롭게 재료를 골라보자. 가니시 집게를 사용해서 유리잔에 가니시와 얼음을 번갈아가며 채운다. 단, 너무 많이 넣으면 음료가 들어갈 자리가 부족하다!

USBG | 샌프란시스코 지부 ✦ 제니퍼 콜리우 ✦ 스몰 핸드 푸즈 Small Hand Foods**의 오너**

246 { 칵테일은 북극의 빙하처럼 차갑게 }

근사한 바에 가면, 막대 얼음이나 큼직한 큐브 얼음이 독주 베이스 음료나 니트 잔에 꽉 차게 들어 있는 걸 볼 수 있다. 이는 희석 속도를 늦추기 위해 얼음과 액체가 접촉하는 면적을 최소화한 것이다. 작은 큐브 얼음 여러 개의 면적이 가장 넓고, 구형 얼음 한 개의 면적이 가장 작다. 그런데 이보다 면적이 더 작은 얼음이 있다. 유리잔에 물을 붓고 얼리면, 한 면만 액체와 닿기 때문에 희석을 최소화할 수 있다. 단, 유리잔을 냉동실에 넣기 전에 강화유리인지 반드시 확인하자.

247 아세닉 앤드 레이스에 레이어를 더하라

칵테일에도 층을 쌓을 수 있다. 비결은 밀도가 다른 액체를 사용하는 것이다. 그러면 각 액체가 서로 평행하는 층을 이룬다. 핵심은 알코올 함량이 높으면 위로 떠오르고, 당도가 높으면 아래로 가라앉는다는 사실이다.

이것은 1940년대 클래식 칵테일인 아세닉 앤드 레이스를 재해석한 칵테일이다. 극작가 조제프 케서링Joseph Kesserling의 유명한 작품 〈아세닉 앤드 올드 레이스〉에서 이름을 땄으며, 실제 연극 작품처럼 칵테일을 마시다 보면 하나의 스토리가 느껴진다. 먼저 묵직한 아니스 풍미와 약간의 시트러스로 오프닝을 연다. 그러다 진과 베르무트의 식물 풍미가 부드럽게 흐르다가 마지막에는 달콤한 꽃향기의 전형적인 할리우드 패션으로 끝난다.

압생트	15mℓ(½oz)
진	44mℓ(1½oz)
(은은한 주니퍼 풍미를 지닌 제품 추천)	
드라이 베르무트	44mℓ(1½oz)
오렌지 비터스	2대시
크렘 드 바이올렛	15mℓ(½oz)

1단계 얼음이 든 유리잔에 압생트를 붓고 루슈louche 상태가 될 때까지 젓는다. 루슈는 프랑스어 용어로 압생트가 탁해지는 현상으로, 압생트에 녹아 있던 방향성 오일이 얼음물 때문에 분리되어 나와서 생긴다. 루슈 상태가 된 압생트를 잠시 옆에 놓아둔다. 압생트가 '레이스' 역할을 한다.

2단계 얼음이 든 믹싱글라스에 진, 베르무트, 비터스를 넣고, 충분히 차가워질 때까지 20~30초간 젓는다. 그리고 스트레이너에 걸러서 작은 화이트 와인 잔에 따른다.

3단계 작은 계량컵에 크렘 드 바이올렛를 정량만큼 따른다. 그리고 바 스푼이 유리잔 안쪽에 닿게 놓고 볼록한 면이 위를 향하게 한다. 크렘 드 바이올렛를 천천히 부어서 와인 잔 바닥에 깔리게 한다. 크렘 드 바이올렛이 '아세닉' 역할을 한다.

4단계 압생트에 빨대를 넣고, 손가락으로 위쪽 끝을 막아서 압생트가 빨대를 타고 빨려 올라오게 한다. 그런 다음 빨대 아래쪽 끝을 와인 잔에 놓고, 손가락을 떼서 압생트를 흘려보낸다. 이 과정을 반복해서 압생트를 모두 와인 잔으로 옮긴다. 빨대 대신 큰 스포이트를 써도 된다. 이때 너무 부드럽게 할 필요는 없다. 액체가 떨어지는 힘으로 표면을 깨뜨려야 한다.

248 세계 각국의 칵테일을 살펴보자

전 세계에는 고유한 칵테일로 유명한 나라가 많다.
이 중 세계적으로 유명한 칵테일도 있고,
원산지 주변에서만 머물러 있는 칵테일도 있다.
여행을 하다 보면 마주칠 수 있는
각 나라의 칵테일을 살펴보자.

캐나다
캐나다에서 가장 사랑받는 칵테일은
블러디 메리(183번 참고)를 연상시키는 시저다.
시저는 보드카, 클라마토, 핫소스,
셀러리, 라임으로 만든다.

멕시코
팔로마는 테킬라 칵테일로
자몽 주스, 소다, 레몬, 단미 시럽으로 만든다.

쿠바
당연히 모히토다.
(165번 참고)

니카라과
엘 마쿠아El Macuá는
열대새의 이름을 딴 국민 음료다.
럼, 구아바 주스, 레몬 주스, 단미 시럽으로 만든다.

에콰도르
카넬라소Canelazo는 과일 주스, 시나몬 스틱,
흑설탕, 물, 럼으로 만든 뜨거운 칵테일이다.
전통적인 크리스마스 음료다.

브라질
카이피리냐Caipirinha는
라임, 설탕, 카샤사(115번 참고)로
만든 국민 칵테일이다.

→ 영국
1800년대부터 마셨던 핌스 컵은 진 베이스 독주에 레모네이드와 클럽 소다를 넣고 오이, 시트러스, 베리류를 으깨서 가니시로 장식한다.

→ 독일
함부르크에서 개발한 진 바질 스매시는 머들링한 바질과 레몬을 진에 넣고 단미 시럽을 첨가해서 만든다.

→ 벨기에
본래 브뤼셀에서 유래한 블랙 러시안은 보드카와 커피 리큐어를 섞어서 만든다. 블랙 러시안은 겁쟁이를 위한 칵테일이 아니다.

→ 이탈리아
저녁식사를 하기 전에 광장을 지나게 된다면, 어느새 손에 아페롤 스프리츠가 들려 있을 것이다. 만약 오후 5시까지 이탈리아에 가지 못한다면, 집에서 프로세코, 아페롤, 클럽 소다를 섞고 오렌지 조각으로 장식하면 된다.

→ 한국
소주에 수박 주스와 라임 주스를 섞은 이색적인 수박 소주가 있다.

→ 튀르키예
라이온스 밀크는 라키raki(포도와 아니스 씨앗을 두 번 증류한 술)에 오직 물만 섞어서 만든 칵테일이다. 높은 알코올 도수 때문에 넘어질 수도 있으니 주의하자.

→ 스페인
상그리아(177번 참고)와 훌륭한 스페인 와인이 항상 준비돼 있다. 또한 틴토 데 베라노Tinto de Verano라는 전통 펀치가 있다. 이는 레드 와인, 레몬, 라임, 소다수를 섞어서 간단히 만든 상그리아다.

→ 에티오피아
허니 와인 또는 테이tej는 화이트 와인, 물, 꿀, 게쇼gesho(가시가 달린 토종식물)를 섞어서 만든 새콤달콤한 칵테일이다.

→ 그리스
우조ouzo는 칵테일처럼 복잡하게 만들 필요도 없다. 이 투명한 그리스 증류주에 물만 부으면 아니스 추출물 덕분에 우유처럼 흰색으로 변한다.

→ 태국
많은 칵테일이 태국에서 유래했지만, 특히 새콤달콤한 시암 선레이가 인기 있는 현지 칵테일로 자리 잡았다. 보드카, 코코넛 리큐어, 단미 시럽, 생강, 레몬그라스, 라임 주스, 소다, 카피르 라임 잎, 태국 고추로 만든다.

249

파티용 펀치를 만들어라

펀치는 가장 오랜 역사를 자랑하는 클래식 칵테일에 속한다. 호스트의 강력한 조력자로 나눔과 소통의 대명사다. 풍성한 대화가 오고 가는 기나긴 오후와 저녁 시간을 대비해 펀치를 만들어보자.

펀치는 산스크리트어로 숫자 5를 뜻하는 'pañc'에서 유래했다. 이름처럼 펀치에는 전통적으로 다섯 가지 기본 재료가 들어간다. 증류주, 시트러스, 스위트너, 물 그리고 차 또는 향신료다. 과거에 풍작을 기원하는 의식에서 설탕과 향신료를 넣고 끓인 사과주나 와인을 마시는 전통이 있었는데, 펀치는 이 음료에서 발전한 형태라고 알려져 있다.

250

피시 하우스 펀치
FISH HOUSE PUNCH

이 레시피는 필라델피아에 위치한 스쿨킬 낚시용품회사의 낚시 동호회 '피시 하우스'에서 최초로 개발한 1732 버전을 기반으로 만들어졌다.

물	3½컵
설탕	1컵
신선한 레몬 주스 (레몬 6~8개를 직접 짜서 망에 거른다)	1½컵
자메이카 앰버 럼amber rum	750㎖짜리 1병
코냑	355㎖(12oz)
피치(복숭아) 브랜디	59㎖(2oz)
레몬 슬라이스	8조각

➜ 냉장고에 들어갈 만한 큰 그릇에 물과 설탕을 넣고 녹인다. 여기에 레몬 주스, 럼, 코냑, 브랜디를 넣고 섞어 펀치를 만든 뒤 덮개를 씌워서 냉장고에 넣어둔다. 서빙볼에 얼음을 넣고 펀치를 부은 뒤 레몬 슬라이스로 장식한다.

251

올레오 사카룸으로 풍미를 더하라

학명처럼 들릴 수도 있지만, 사실 올레오 사카룸oleo saccharum은 시트러스 껍질과 설탕을 섞어서 만든 시럽이다. 펀치를 만들 때 레몬 주스 외에도 레몬껍질을 이용해서 풍미를 더한다면 어디서도 맛보지 못한 풍성함과 청량함을 경험할 수 있다. 먼저 채소필러로 레몬 7개의 껍질을 벗겨낸다. 그런 다음 레몬 껍질과 설탕 약 1컵을 섞는다. 머들러로 부드럽게 으깬 뒤 지퍼백에 담아서 몇 시간 동안 기다리면 설탕이 녹고 시트러스 오일이 추출된다.

252

차 시럽으로 펀치를 변주하라

타닌 성분을 함유하고 있는 차는 펀치에 또 다른 입체감을 더한다. 또한 시트러스 껍질에서 추출한 방향성 오일을 음료에 넣는 방식을 대체하는 좋은 대안이기도 하다. 평소에 좋아하는 펀치 레시피를 살짝 변형해 풍미를 교묘하게 바꿔보자.

펀치 레시피에 명시된 양만큼 물을 끓인다. 물이 자글자글 끓기 시작하면 불을 끄고, 얼그레이 차, 레몬 껍질, 설탕(레시피 분량만큼)을 넣는다. 내용물을 저어서 잘 섞은 다음 뚜껑을 덮고 식힌다. 차 시럽이 완전히 식으면, 레시피에 나온 나머지 재료와 섞어서 펀치를 완성한다.

253 칵테일에 멋을 더하는 기본 가니시

가니시를 만드는 데 특별한 도구가 필요하진 않다. 날카로운 채소필러, 과도, 시트러스 껍질을 벗기는 제스터처럼 주방에 있는 도구만으로도 충분하다. 한 단계 업그레이드된 가니시를 원하는가? 채널 나이프를 구비하면, 트위스트를 더욱 정교하게 손질할 수 있다. 칵테일을 풍성하게 연출하는 기본적인 가니시는 다음과 같다.

슈거 파우더를 뿌린 민트 잔가지

민트 풍미의 칵테일에 슈거 파우더를 뿌린 민트 잔가지를 얹으면 굉장히 인상적인 가니시가 완성된다. 특히 휴가철 칵테일에 매우 잘 어울린다.

오이 로즈

길고 얇게 자른 오이 슬라이스를 장미 모양으로 만들거나 둥근 유리잔 내부 크기에 맞춰서 느슨하게 감는다.

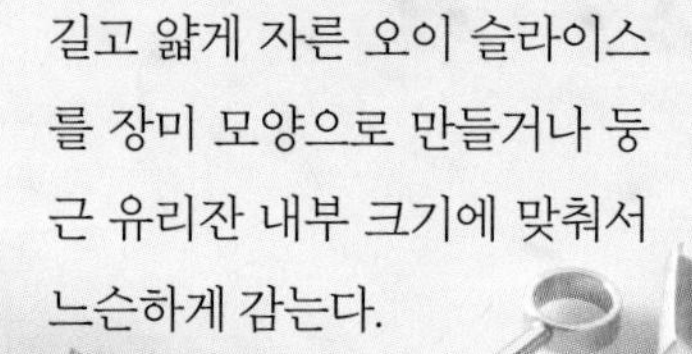

필 로즈

255번 참고.

웨지

과실의 꼭지(줄기가 붙어 있던 자리)부터 과정부(꼭지 맞은편 끝)까지 자른다. 그리고 유리잔 테두리에 끼울 수 있게 웨지 끝부분에 얇게 칼집을 낸다.

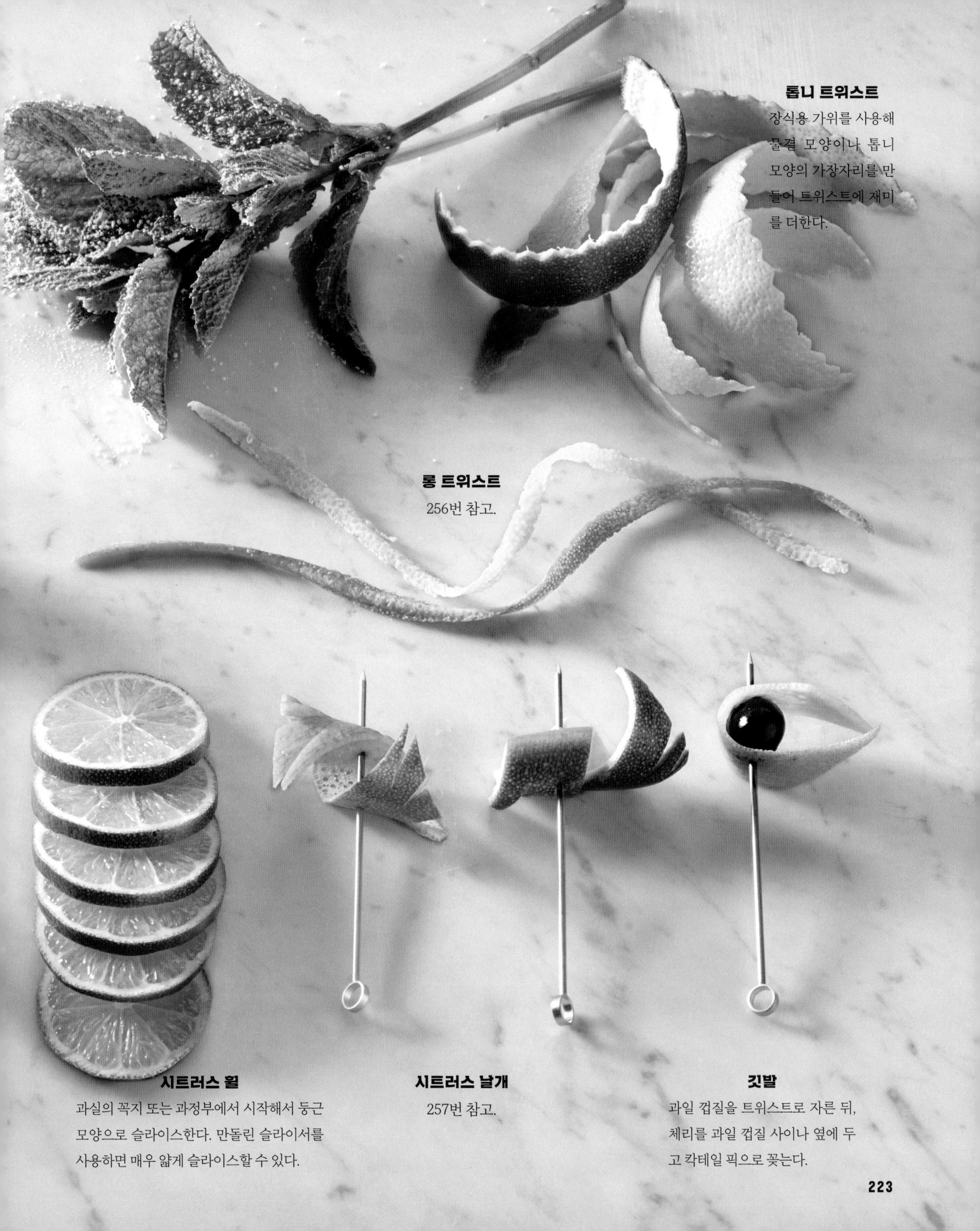

톱니 트위스트
장식용 가위를 사용해 물결 모양이나 톱니 모양의 가장자리를 만들어 트위스트에 재미를 더한다.

롱 트위스트
256번 참고.

시트러스 휠
과실의 꼭지 또는 과정부에서 시작해서 둥근 모양으로 슬라이스한다. 만돌린 슬라이서를 사용하면 매우 얇게 슬라이스할 수 있다.

시트러스 날개
257번 참고.

깃발
과일 껍질을 트위스트로 자른 뒤, 체리를 과일 껍질 사이나 옆에 두고 칵테일 픽으로 꽂는다.

254

프로처럼 칵테일을 장식하라

가니시는 칵테일을 시각적으로 더욱 매력 있게 만든다. 유리잔 테두리에 바른 설탕이나 소금, 채소 피클, 향기로운 꽃, 과일 정과 등 가니시는 칵테일의 풍미를 보완해준다. 플라스틱이나 스테인리스 빨대, 종이 우산 장식, 독특한 유리잔 등도 칵테일을 눈으로 먼저 음미하게 돕는 가니시에 속한다.

가니시의 인기는 미국의 금주법 시대에 치솟았다. 물에 희석하거나 싸구려인 술의 정체를 숨기기 위해 화려한 장식이 필요했던 것이다. 그러나 오늘날 바텐더들에게 가니시는 개성을 표현하는 수단으로 레시피만큼 중요한 요소가 됐다. 소셜 미디어 역시 시각적 차별성을 부추기는 데 한몫했다.

정교한 가니시를 직접 개발하는 것도 좋지만, 먼저 기본부터 배워보자.

255

로즈 가니시

장미 모양의 로즈 가니시는 생각보다 만들기 쉽다. 먼저 시트러스 과일의 껍질을 길게 깎는다. 그리고 껍질을 돌돌 말아 집게손가락으로 단단하게 조인다. 돌돌 말린 껍질의 몸통을 누르듯 잡고 집게손가락을 뗀 뒤 칵테일 픽으로 몸통을 꿰뚫는다.

256

트위스트 가니시

가니시 대부분은 하루 전날 준비해서 냉장 보관할 수 있다. 허브는 물에 적신 키친타월로 감싼 다음 밀폐용기에 넣어서 보관한다.

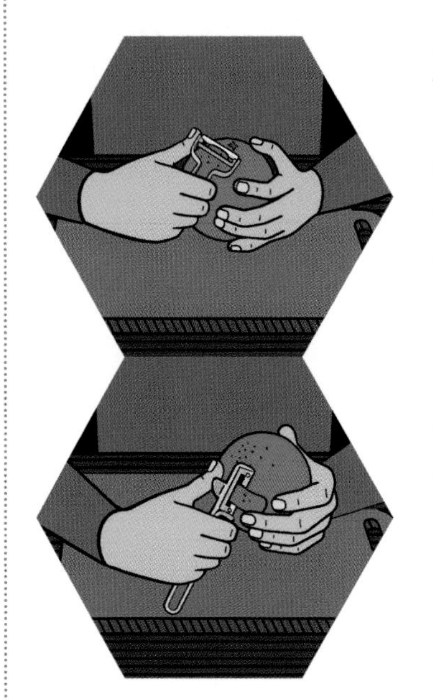

트위스트 시트러스 트위스트는 기본적이며, 다용도로 쓸 수 있는 가니시다.

1단계 한 손으로 과일을 잡고, 꼭지부터 과정부까지 세로로 껍질을 벗긴다. 이때 과육을 너무 많이 파내지 않도록 적당히 누른다. 세게 누르지 않아도 필러로 껍질을 적절하게 벗길 수 있다.

2단계 필러를 아래로 이동하면서, 과일을 잡고 있는 손의 검지와 중지를 이용해서 벗겨진 껍질의 윗부분이 상하지 않도록 보호한다. 이 상태를 유지하면서 껍질을 과정부까지 벗겨낸다.

롱 트위스트 초보자에게 시트러스 껍질을 길게 깎는 것은 꽤 어려운 작업이다. 손에 가장 익은 필러를 찾아서 사용하자.

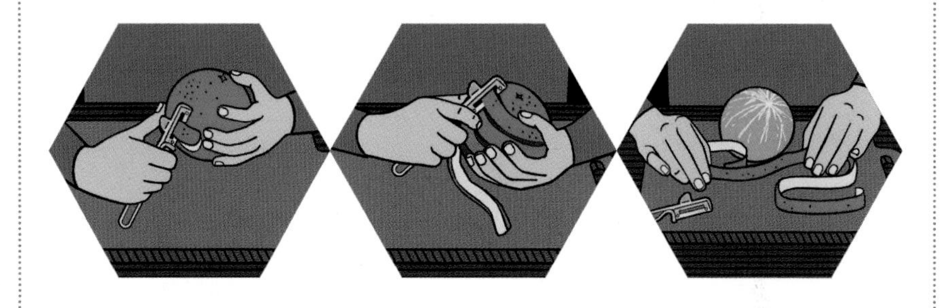

1단계 과일을 들고, 꼭지부터 과정부를 관통하는 축을 따라 돌린다고 상상하며 위치를 잡는다.

2단계 과일 밑부분부터 시작해서 과일을 돌려가며 필러로 껍질을 깎는다. 벗겨진 껍질이 상하지 않게 잘 잡으면서 돌린다. 필러를 조금씩 위쪽으로 향하게 움직이면서 과일의 꼭지까지 깎는다.

3단계 롱 트위스트를 유리잔 안에 둥글게 휘감아 놓은 것을 '호스 넥horse's neck'이라 부른다.

257

날개 가니시

날개 모양의 가니시는 만들기는 조금 까다로워도 칵테일을 훨씬 근사하게 만든다.

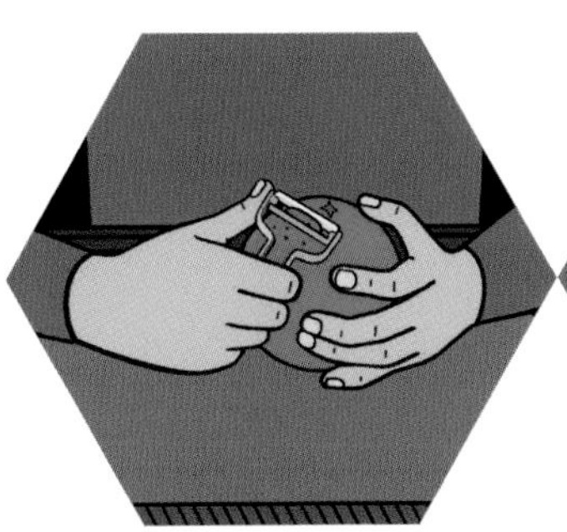

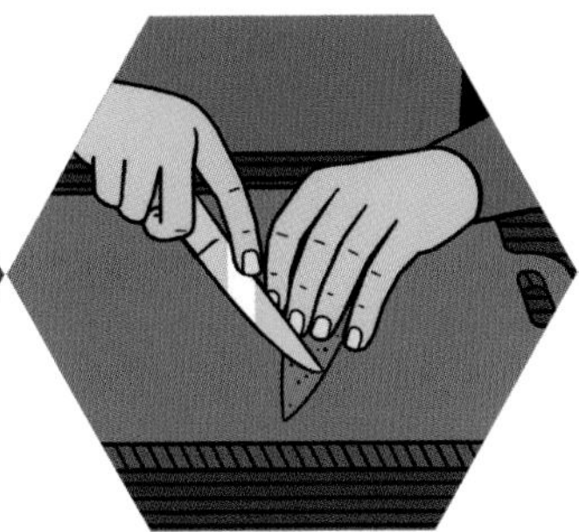

→ **1단계** 시트러스 과일의 껍질을 10cm 길이로 자른다.

→ **2단계** 껍질 테두리를 다듬고, 양쪽 끝은 뾰족하게 대각선으로 달라낸다. 그리고 중앙에 세로로 칼집을 낸다.

→ **3단계** 대각선으로 자른 양쪽 끝에 작은 칼집들을 내, 날개의 깃털을 표현한다.

→ **4단계** 껍질을 돌돌 말아서 중앙에 낸 칼집을 유리잔 테두리에 끼운다.

보드카 VODKA

폴란드인과 러시아인이 한 방에 앉아 있다. 이들의 애국심을 시험해보고 싶다면, 보드카의 원산지가 어디인지 물어보라.

258

보드카의 원산지와 역사

보드카의 원산지에 대한 역사적 증거는 없다. 그러나 세계에서 가장 오래전부터 보드카를 생산해온 나라는 폴란드와 러시아다. 그러므로 상대방이 어느 나라 사람인가에 따라 둘 중 하나를 고르거나, 둘 다 맞다고 하는 것이 바람직하다.

한 가지 사실만은 확실하다. 두 국가 모두 18세기부터 보드카산업을 영위했으며, 곧이어 정부가 생산을 관리하기 시작했다. 20세기에 들어서 러시아의 보드카 생산량은 연간 110리터에 달했다. 한 사람당 2½일마다 약 1병씩 소비한 셈이다.

한편 10월 혁명과 2차 세계대전 때문에 러시아 증류소가 파리, 이스탄불, 뉴욕으로 이전하기 시작했다. 미국은 초창기에 보드카를 화이트 위스키라는 이름으로 판매했으며, 1962년이 돼서야(영화 〈007 살인번호〉에서 제임스 본드가 보드카 마티니를 주문했다) 사람들이 보드카를 찾기 시작했다.

누군가의 칵테일 취향에 대해 왈가왈부하는 건 예의에 어긋나지만, 당신은 제임스 본드의 보드카 마티니보다는 훨씬 나은 선택을 하리라고 믿는다. 심지어 보드카 마티니와 레시피가 비슷한 베스퍼(104번 참고)도 이보다는 100배 더 낫다.

259

보드카의 재발견

“이 세상에 풍미가 좋은 술이 얼마나 많은데 왜 굳이 보드카를 마셔야 하는가?” 세상에는 이처럼 보드카가 시간 낭비라고 생각하는 사람이 꽤 많다. 이 말도 어느 정도 사실이지만, 보드카는 쓰임새가 꽤 많은 술이다. 그중 하나가 풍미가 너무 진한 증류주를 완화하는 역할이다. 예를 들어, 진에 보드카를 조금 섞으면 독한 맛이 적당히 중화된다. 보드카의 중성적 풍미는 칵테일에 이미 여러 풍미가 들어가 있을 때도 유용하다. 때론 증류주보다 다른 풍미에 집중하고 싶을 때가 있다. 정원에서 갓 딴 싱그러운 시트러스나 지역 농산물 장터에서 사온 싱싱한 농작물처럼 말이다. 이 밖에도 보드카는 침출법(034번 참고)에도 유용하게 사용된다. 향신료, 허브, 차, 과일 등을 보드카에 우려서 펀치에 색다른 청량함을 더할 수 있다.

260 보드카는 이렇게 만든다

보드카는 감자, 사탕무, 곡물 등 온갖 기본 재료로 만들 수 있지만, 양조 과정은 모두 동일하다.

1단계 기본 재료를 발효하는 과정을 거친다. 보드카는 발효가 가능한 거의 모든 재료로 만들 수 있으며, 발효 방식은 재료에 따라 달라진다.

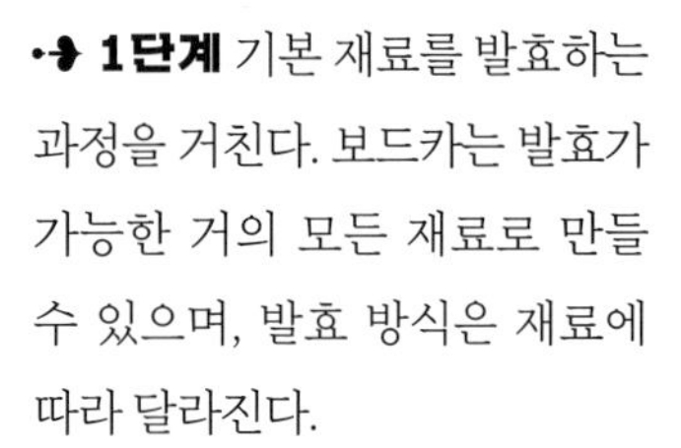

2단계 보통 맛있는 알코올을 단번에 안전하게 추출하는 연속식 증류기를 사용한다. 보드카 라벨에 증류기 대수를 자랑하듯 표기하는 경우도 있지만, 사실상 큰 의미는 없다. 증류 횟수보다는 보드카를 얼마나 잘 만들었는지가 더 중요하다.

3단계 증류주를 희석하는 과정은 술맛과 법적 이유 때문에 중요하지만, 보드카의 경우 필수는 아니다. 어차피 보드카 병 속의 절반 이상은 증류 이후에 추가된 물이다. 물맛도 지역마다 다르듯이 좋은 물맛이 맛있는 보드카를 만든다.

4단계 증류주 대부분은 여과 과정을 거치는데, 경쟁이 치열한 시장에서 여과 방식은 훌륭한 마케팅 포인트가 된다. 셀룰로오스와 냉동 여과는 필수이며, 풍미가 없는 보드카에는 숯 여과도 좋다. 다이아몬드, 용암, 네잎클로버를 이용한 여과 방식은 비용만 높을 뿐 아무 효과도 없다.

261

보드카의 재료는 무궁무진하다

보드카는 다른 증류주와는 달리 재료가 아닌 증류 방식에 따라 정의한다. 즉, 발효가 가능한 그 어떤 재료로도 보드카를 만들 수 있다는 뜻이다. 과일, 채소, 곡물, 사탕수수, 감자, 사탕무, 당밀 심지어 꿀이나 메이플시럽까지 보드카를 만들 수 있는 재료는 무궁무진하다.

보드카는 최소 190프루프로 증류해야 보드카로 분류된다. 보드카의 알코올 도수ABV가 96%에 이르면, 공비혼합물azeotrope 상태가 된다. 그러면 증류 방식으로는 더 이상 응축할 수 없게 된다.

그렇다면 최종 완성품에서 기본 재료의 맛이 느껴질까? 놀랍게도 그렇다. 다만 실온에서 와인 잔에 따라 마셨을 때만 미미하게 느껴지는 정도다. 칵테일로 만들었을 때는 재료 본연의 맛이 거의 느껴지지 않는다.

그리고 모든 보드카는 기본 재료, 여과 방식, 증류 과정에 상관없이 숙취를 유발한다.

262 칵테일에 불을 더하라

관객이 존재하기에 쇼맨십도 존재하는 법이다. 바는 칵테일을 믹싱하는 무대이며, 모든 칵테일은 결국 불쇼로 귀결된다. 간단한 불꽃 가니시든, 칵테일 자체에 불을 붙이든, 불쇼는 언제나 인상적이다.

그러나 항상 안전을 최우선으로 삼아야 한다. 칵테일에 불을 사용하는 것은 사실상 어떤 경우에도 권장되지 않는다. 특히 소화기가 없거나, 유사시 응급실로 데려갈 기사가 없다거나, 바텐더가 능력도 없으면서 자신감만 넘치는 경우 불 사용은 절대 금물이다. 그래도 불쇼를 포기할 수 없다면, 다음의 규칙을 반드시 지켜야 한다. 첫째, 절대 혼자서 마시지 않는다. 둘째, 가까운 곳에 소화기를 준비한다. 셋째, 칵테일은 주방에서 만들고, 주변에 가연성 물체가 없어야 한다.

혹시라도 불쇼를 하다가 상황이 위급해지면, 당장 중단하고 모든 걸 내려놓고 도망가라!

263 티키 횃불을 띄워라

티키 바에서는 볼에 담긴 칵테일과 불꽃 가니시를 흔하게 볼 수 있다. 불꽃 가니시를 만드는 가장 쉬운 방법은 이전 칵테일에 썼던 라임이나 레몬 껍질의 절반을 활용하는 것이다.

라임과 레몬을 압착하고 남은 껍데기를 볼에 띄운다(빨대를 여러 개 꽂은 펀치에 가장 잘 어울린다). 이때 껍데기가 뒤집어지지 않게 안정적으로 놓아야 한다. 뗏목처럼 둥둥 떠 있는 껍데기 안에 레몬 오일에 흠뻑 적신 크루통을 넣는다.

마지막으로 손님들을 뒤로 물러서게 한 다음 불을 붙인다!

264 오렌지 껍질에 불을 붙여라

가장 흔하면서도 비교적 안전하게 불을 사용하는 방법은 칵테일에 얹은 오렌지 껍질에 불을 붙이는 것이다. 그러면 시트러스 오일이 캐러멜라이징되고, 불꽃이 번쩍하면서 극적인 효과를 낸다.

1단계 왁스칠을 하지 않은 오렌지의 껍질을 과도로 동그랗게 잘라낸다. 엄지와 검지로 껍질을 잡고, 껍질 바깥쪽이 칵테일을 향하게 놓는다. 성냥에 불을 붙여서 칵테일로부터 약 10cm 떨어진 곳에 위치한다.

2단계 오렌지 껍질을 빠르게 꼬집어서 성냥과 칵테일을 향해 오일을 분사한다.

3단계 오렌지 껍질로 유리잔 테두리를 문지른다. 만약 껍질에 그을음이 묻어 있다면, 오렌지에 왁스가 칠해져 있다는 뜻이다. 왁스칠한 과일은 탄 냄새를 유발하므로 사용하지 않는다.

4단계 불을 붙였던 오렌지 껍질로 칵테일을 장식한다.

265 부지깽이를 사용하라

칵테일에 불을 사용하는 관행은 19세기부터 시작됐다. 당시 여관에서는 벽난로에 시뻘겋게 달군 부지깽이로 음료를 뜨겁게 데워서 손님에게 내놓았다. 음료가 담긴 머그에 부지깽이를 푹 담가서 토디나 플립(달걀, 맥주, 증류주, 스위트너가 들어간다)을 만들었다.
오늘날 부지깽이의 현대식 버전을 뉴욕의 로워 이스트사이드에 위치한 부커 & 댁스Booker & Dax에서 볼 수 있다. 이곳에서는 자체 제작한 부지깽이로 음료를 데우는 드라마틱한 장면을 연출한다.
이 방식의 장점은 벌겋게 달군 부지깽이가 음료와 접촉하면서 캐러멜라이징이 이루어진다는 것이다. 가장 큰 어려움은 식품 등급의 부지깽이를 찾는 일이다. 이 문제만 해결된다면, 핫 잉글리시 럼 플립(195번)을 만들어보자. 칵테일을 내열 피처에 담고, 뜨거운 부지깽이를 그 속에 담그면 거품(플립)이 생긴다. 플립이라는 이름도 이 거품 때문에 붙여진 것이다.

266 플레어 바텐더처럼 묘기를 부려보자

바텐딩은 음료만 만드는 게 전부가 아니다. 적당히 병도 휙휙 던지고 돌리면서 손님을 즐겁게 해주는 것도 바텐더의 역할이다. 병 던지기처럼 연습이 많이 필요한 기술도 있고, 대부분은 리허설을 몇 번 해봐야 성공할 수 있다. 처음에는 빈 병으로 연습하다가 나중에는 물을 채워서 무게감에 점차 익숙해지도록 한다(병을 개봉한 상태라서 내용물이 언제든지 넘칠 수 있다는 점도 감안하자).

267 병 세우기 기술

다리오 도이모Dario Doimo가 알려주는 기본적인 플레어 기술을 배워보자. 그는 플레어 바텐딩 대회에서 무려 50번 이상 우승한 경력이 있는 실력자다. USBG 미국 플레어 챔피언 대회에서도 2년 연속 우승했으며, 20개국 이상의 나라에서 플레어 바텐딩을 선보인 베테랑이다. 그럼 병 세우기 기술부터 시작해보자.

➜ 1단계 지배적 손(오른손잡이는 오른손, 왼손잡이는 왼손)의 엄지, 검지, 중지 등 세 손가락으로 병의 목 부분을 잡고 위쪽으로 곧게 잡아 올린다. 이때 병이 뒤집어지지 않게 주의한다. 병은 위아래로만 움직여야 한다.

➜ 2단계 손바닥을 펴고 손가락도 살짝 벌린 상태에서 병의 바닥이 손등에 안착하게 만든다. 이때 병 바닥의 중앙이 너클(손허리 끝의 손가락 마디)과 맞닿아야 한다. 그리고 손은 언제나 병의 움직임을 따라간다. 반대로 움직였다가는 병에 부딪치고 말 것이다.

➜ 3단계 잠시 멈춰서 기다린다. 병을 성공적으로 잡으려면 타이밍과 균형이 필요하다. 병을 세우는 게 어렵다면, 손등에 올려놓고 균형 잡는 연습부터 하는 것이 좋다.

268 머리 뒤로 따르기 기술

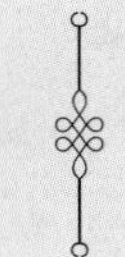

1단계

병 속 내용물을 바로 따를 수 있도록 셰이커나 믹싱글라스를 조리대에 미리 올려놓는다.

2단계

비지배적 손(오른손잡이는 왼손, 왼손잡이는 오른손)으로 병을 똑바로 세워서 잡는다(플레어 용어로 '포핸드'라 부른다).

3단계

손과 병을 머리 뒤로 보내고, 지배적 손을 뒤집어서 리버스 그립으로 병목을 잡는다. 그런 다음 푸어링 포지션(음료를 따르는 자세)로 전환한다(플레어 용어로 '백핸드'라 부른다).

4단계

셰이커나 믹싱글라스에 술을 붓는다. 너무 쉽다고? 그렇다면 병을 머리 뒤로 던져서 받아보는 연습으로 넘어가자.

269 등 뒤로 따르기 기술

1단계

병 속 내용물을 바로 따를 수 있도록 셰이커나 믹싱글라스를 조리대에 미리 올려놓는다.

2단계

병 세우기 기술처럼 세 손가락으로 병을 잡고, 지배적 손의 어깨 쪽으로 병을 던지듯 들어 올린다.

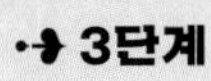

3단계

손에서 병을 놓자마자 몸을 비지배적 팔 쪽으로 돌리고, 비지배적 손을 등 뒤로 보내서 병을 잡 는다.

4단계

병을 잡은 손을 앞으로 이동해 리버스 그립을 한 상태에서 재빨리 지배적 손으로 병을 옮긴다. 그런 다음 푸어링 포지션으로 전환한다.

270 건배! 슬란체! 살룻! 프로스트!

친구들이 테이블에 빙 둘러앉아 있고, 당신 손에는 칵테일이 들려 있다. 이제 건배사를 하고 서로 축하를 건넬 차례다. 건배의 전통은 여러 대륙을 거쳐 긴 역사를 거슬러 올라가야 한다. 인도반도의 무굴제국부터 스칸디나비아반도의 바이킹 시대(자신이 죽인 적의 해골에 술을 담아 마셨다!)까지 말이다. 고대 그리스 시대에는 술에 독이 들었는지 확인하기 위해 건배를 했다. 잔을 부딪치면 와인이 넘쳐서 서로의 잔에 들어가기 때문이다. 중세 시대에 벌꿀 술에 빵을 적시는 관습에서 건배가 유래했다는 설도 있다. 그 시초가 무엇이든, 건배사로 활용하기 좋은 문구 몇 가지를 살펴보자.

Chai yo!
(차이요)
행운을 빌어요!
태국
Na zdravi!
(나즈드라비)
건강을 기원합니다!
체코
Salud!
(살룻)
건강을 위하여!
스페인
Stin Eyiassou
(스틴 에이아수)
건강을 기원합니다!
그리스
Bunden i vejret eller resten i håret!
(분덴 이 바이레트 엘레르 레스텐 이 호레트)
원샷 아니면 머리에 털어라!
덴마크
Salud y amor y tiempo para disfrutarlo
(살룻 이 아모리 티엠포 파라 디스프루타를로)
건강과 사랑 그리고 이를 즐길 시간을 위하여
아르헨티나
[스페인어권의 전형적인 건배사]
Nazdarovya
(나즈다로브야)
건강을 기원합니다!
러시아
Here's mud in your eye!
(히어즈 머드 인 유어 아이)
여기 네 눈에 진흙을!
참호전, 경마, 성서적 신앙요법에서유래했거나 단순히 술잔 바닥에 가라앉은 침전물을 가리키는 것일 수도 있다.
영국
L'chaim
(라하임)
인생을 위하여
많은 사람이 알고 있는 히브리어 문구다.
이스라엘
Yum seng
(염생)
원샷
중국
Cent'anni
(첸타니)
boca al lupo
(보카 알 루포)
100년/행운을 빌어요!
이탈리아
À votre santé
(아 보트르 상테)
건강을 기원합니다.
상대방이 건배사를 외치면 'à la votre(아 라 보트르, 당신의 건강도 기원합니다)'라고 응답한다.
프랑스
Kampai
(간빠이)
Otsukare
(오츠카레)
건배/수고하셨습니다!
일본
Prost
(프로스트)
Zum wohl
(줌볼)
건강을 기원합니다!
맥주는 프로스트, 와인은 줌볼
독일
Sláinte
(슬란체)
건강을 기원합니다.
조너선 스위프트(아일랜드 작가—옮긴이)가 알려준 문구도 좋다.
"생에 주어진 모든 날을 열심히 살아가자!"
아일랜드
Sto lat
(스톨라트)
백 년
폴란드
Oogy wawa!
(우기 와와)
건배!
남아프리카공화국

271

니트로 마셔보라

재료의 맛을 모르면 훌륭한 요리사가 될 수 없듯, 증류주 본연의 맛을 모르면 칵테일 만드는 실력을 향상할 수 없다. 증류소가 술을 양조할 때는 술 자체만으로도 훌륭한 맛을 내도록 만든다. 그럼에도 불구하고 자신이 좋아하는 증류주조차 니트로 마셔본 경험이 없는 사람이 수두룩하다.

증류주의 맛과 풍미를 제대로 알고 이해하면 자신만의 레시피를 개발하는 데도 도움이 된다. 게다가 어떤 증류주는 제철 토마토처럼 그 자체만으로도 더할 나위 없이 훌륭하다는 사실을 발견하게 될 것이다.

272

얼음으로 희석하라

증류주, 특히 위스키를 니트로 마시는 걸 즐기는 편이라면, 언젠가 스테인리스 얼음이나 큐브 모양의 돌을 사용하게 될 것이다. 이는 증류주를 희석하지 않으면서 차갑게 유지해주는 용품이지만, 여기에 돈을 쓰기보단 좋은 증류주를 사는 데 보태길 바란다. 사실상 존재하지 않는 문제에 대한 해결책일 뿐이기 때문이다. 시중에 80프루프 브랜디와 위스키도 많지만, 보통 니트로 즐기는 제품은 이보다 도수가 훨씬 높기 때문에 얼음에 희석해서 마셔야 한다. 심지어 표준 도수인 ABV 40%도 입안이 타는 듯한 자극을 주는 수준은 아니지만, 얼음에 희석하면 증류주의 휘발 성분이 더욱 향기로워진다. 얼음은 한 번에 한 개씩만 넣고, 음료가 충분히 희석되고 차가워지면 숟가락으로 얼음을 빼낸 뒤 마신다.

273

프로처럼 테이스팅하라

증류주 본연의 맛을 이해하고 스트레이트로 마시는 데 익숙해졌다면, 내가 증류주를 리뷰하기 위해 만든 일련의 규칙을 바탕으로 테이스팅을 시도해보자. 초반에는 구체적인 아로마와 풍미를 구분하는 게 가장 어렵다. 마치 뇌가 무언가 연상된다고 신호를 보내는데 그게 뭔지 정확하게 알려주지 않는 느낌이다. 그러나 맛에 집중하는 데 익숙해지면, 나무나 알코올처럼 뻔한 향 말고도 과일, 향신료, 심지어 장소와 같은 구체적인 맛과 향을 구별할 수 있게 된다.

별도의 공간을 마련하라 공정한 시음을 하는 데 가장 중요한 요인은 제대로 된 장소를 확보하는 것이다. 모든 테이스팅을 진행할 수 있는 별도의 공간 말이다. 일단 병과 유리잔을 늘어놓을 공간이 필요하고, 방 안에서 어떤 냄새가 나는지 파악해야 한다. 한번은 테이스팅을 하는데 모든 술에서 이상한 꽃향기가 나는 게 아닌가! 알고 보니 세탁기의 섬유유연제 향이 온 방에 퍼져서 내 코가 마비됐던 것이었다.

증류주를 선별하라 한꺼번에 너무 많은 종류의 증류주를 시음하지 말자. 알코올이 후각과 미각을 순식간에 둔하게 만들기 때문이다. 한 번에 네다섯 종류가 바람직하다. 스타일, 재료 등 테마를 정해 서로 비교하며 시음하는 것도 재밌는 경험이 될 것이다.

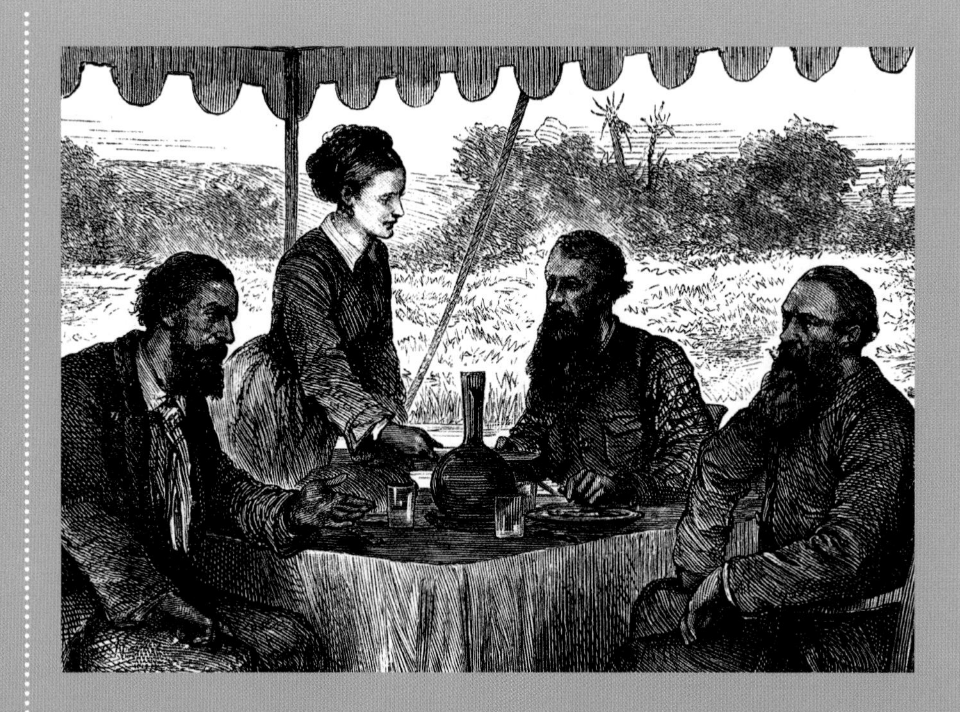

유리잔을 다양하게 구비하라 유리잔의 모양은 증류주의 향과 때론 맛에까지 영향을 미친다. 프리즘이 각도에 따라 빛을 다르게 반사하는 것처럼 유리잔도 모양에 따라 증류주의 다채로운 면을 보여준다. 여러 모양의 유리잔에 동일한 증류주를 붓고, 어떻게 달라지는지 관찰해보자. 최소한 두 종류 이상의 유리잔을 준비하도록 하자.

순서대로 마셔라 라이트하고 드라이한 것부터 시작해서 알코올 도수와 당도가 높은 순서대로 마신다.

입안을 물로 헹궈라 말할 필요도 없겠지만, 시음을 하면서 수시로 물을 마셔서 최대한 자주 입안을 헹궈주는 것이 좋다.

잔에 코를 파묻지 마라 증류주를 시음할 때는 와인처럼 유리잔에 코를 파묻지 말자. 높은 알코올 도수 때문에 눈과 코가 화끈거릴 수 있다. 그리고 와인 잔처럼 유리잔을 돌리는 행위도 하지 말자. 유리잔을 45도로 기울인 상태에서 천천히 몸 쪽으로 잔을 가져온다. 그리고 여러 아로마가 느껴지기 시작하는 스위트스폿을 찾는다. 그런 다음 잔을 서서히 움직여서 아로마가 어떻게 변하는지 관찰한다.

조금씩 홀짝여라 처음에 소량만 홀짝여서 혀를 증류주로 코팅한다. 그런 다음 두 번째 모금을 입안에 머금고 풍미, 질감, 강도, 당도를 관찰한다. 증류주를 목구멍으로 넘긴 뒤, 코로 숨을 들이마시고 입으로 내쉰다. 그러면 알코올에 가려졌던 풍미들이 추가적으로 드러난다. 너무 자극적인 테이스팅은 즐겁지 않으므로, 필요하다면 얼마든지 희석해라.

274 답례품을 선물하라

친구들 사이에서 오래도록 회자되는 파티를 열고 싶다면, 손님들이 집으로 돌아갈 때 조그만 선물을 안겨줘라(물론 손님이 제정신이어야 하겠지만). 그렇다고 이름을 새긴 결혼식 답례품이나 어린이 생일파티에서 나눠주는 사탕이 담긴 구디백을 말하는 게 아니다. 술처럼 파티 테마에 걸맞은 선물이 가장 이상적이다.

리본을 묶은 미니어처 샴페인(캔 형태로도 나온다), 병 타입 칵테일, 소용량 술 등은 반응이 상당히 성공적이다. 여러 종류를 묶음으로 준비하거나, 포장에 돈을 투자하는 것도 좋다.

파티에서 당신만의 시그니처 칵테일 한두 개를 선보였다면, 손님들이 집에서 직접 만들어볼 수 있게 레시피를 출력해서 건네보자. 그리고 종이우산이나 칼 모양 칵테일 장식을 함께 동봉하는 것도 좋은 아이디어다.

연휴를 기념하는 파티라면, 버번 볼(242번 참고)이나 젤로 샷(239번 참고)을 만들어서 예쁜 봉지에 담아 나눠주자. 다음 날 숙취로 고생하지 말라는 취지로 물을 멋들어지게 포장해서 들려 보내는 것도 센스 있다.

275

호스트를 감동시켜라

손님으로 파티에 초대받거나 주말 동안 신세지기로 했다면, 엄마의 조언대로 절대 빈손으로 가지 말자. 물론 호스트에게 저녁을 대접하거나 와인을 사가도 좋지만, 하룻밤 신세까지 진다면 좀 더 심사숙고해서 선물을 골라보자. 이쯤 되면 호스트가 당신의 칵테일 만드는 실력을 익히 알고 있을지도 모른다. 그렇다면 센스 있는 손님으로 환영받을 수 있는 몇 가지 팁을 알아보자.

홈메이드 에디션

호스트가 좋아하는 맛으로 팅크제, 침출제 또는 가향 시럽을 간단하게 만들어서 챙겨가자. 이를 활용해 호스트와 함께 새로운 칵테일 만들기에 도전해보라.

바텐딩 서비스

홈메이드 진저 시럽(170번 참고), 보드카 한 병, 라임을 챙겨가서 모두에게 모스코 뮬(169번 참고)을 만들어준다.

여행용 칵테일

만약 호스트가 여행을 계획하고 있다면 그들이 좋아하는 칵테일의 미니 버전을 챙겨가자. 소용량 술, 가니시, 독특한 모양의 빨대 등을 선물하면, 무료 공항 소다를 더욱 멋지게 즐길 수 있을 것이다.

술을 넣은 간식

상황이 여의치 않다면, 술을 넣은 구미베어나 초콜릿(242번 참고)을 상점에서 구매하거나 직접 만들어서 선물한다.

276

파티가 끝나면 바로 치워라

신나는 파티를 제대로 즐기고 난 뒤 치워야 할 때가 오면, 모든 걸 내일로 미루고 싶은 유혹에 휩싸인다. '어차피 다음 날 하면 되지'라고 합리화하면서 말이다. 물론 틀린 말은 아니지만, 몇 가지 팁을 알고 있다면 정리가 훨씬 쉬어진다. 성공적인 파티의 술기운이 아직 가시지 않았다면, 일단 돌아다니면서 여기저기 널브러져 있는 유리잔, 병, 캔을 모두 줍는다(화장실에도 최소한 하나씩 있고, 액자와 선반 뒤쪽도 꼭 확인해보길 바란다). 주방에 모든 걸 한데 모아놓는다. 그리고 이게 핵심인데, 이 중에서 재활용품을 골라내라. 특히 맥주병과 맥주캔을 그대로 두면, 다음 날 악취 때문에 그렇지 않아도 괴로운 숙취가 더욱 심해질 것이다. 이 밖에도 귀찮은 파티 뒤처리를 하는 법을 알아보자.

277 끈적거리기 전에 닦아내라

술을 쏟았을 때 가장 큰 문제점은 나중에 끈적거린다는 점이다(술을 낭비해서 속도 쓰리다). 이런 경우 키친타월로 닦아내는 것만으로는 부족하다. 결국 고전적인 방법을 써야 한다. 파인 솔Pine Sol 같은 바닥 클리너나 주방세제를 물에 섞어서 사용하는 것이다. 얼룩을 밟고 지나갈 때마다 쩍쩍 달라붙는 경험을 하고 싶지 않다면, 세제를 사용해서 깨끗이 닦아내자.

278

가구를 구하라

컵받침(045번 참고)을 아무리 넉넉하게 준비해도 대대로 물려받은 커피테이블에 동그란 자국이 남아 있고, 홈 바는 여기저기 흘린 술 때문에 난장판이 돼 있을 것이다. 가구에 남은 자국에 바셀린를 발라두고, 다음 날 닦아내보자. 그리고 파티 뒤에 이보다 끔찍한 일은 없게 해달라고 기도하라.

279

얼룩에 소금을 뿌려라

레드 와인을 엎지르는 일은 빈번하게 일어난다. 그리고 인터넷에는 카펫, 소파, 디자이너 슈트에 생긴 레드 와인 얼룩을 없애는 정보가 넘쳐난다. 이런 얼룩은 끔찍할 정도로 충격적인 외관에 비해 놀랍도록 쉽게 지워진다. 먼저 낡은 행주로 최대한 얼룩을 빨아들인다. 그런 다음 소금을 얼룩을 덮을 정도로 넉넉하게 뿌린다. 얼룩이 마르면, 박박 긁은 다음 헹궈내거나(필요시 클럽 소다를 사용한다) 스펀지로 닦아낸다. 레드 와인 얼룩을 화이트 와인으로 닦아내면 없어진다는 얘기도 있다. 그러나 뭐 하러 와인을 더 낭비하겠는가?

280

힙 플라스크, 제대로 세척하라

힙 플라스크는 놀랍도록 유용하면서도 인기 많은 선물이며, 모두의 취향을 충족할 정도로 모양도 다양하다. 그러나 내부에 냄새가 밸까 봐 쓰지 않는 사람도 있다. 힙 플라스크를 올바르게 세척하고 헹구는 방법을 알아보자.

→ 1단계

새 제품의 경우 세제와 물로 깨끗이 닦는다. 이때 세제의 양에 주의해야 하는데, 세제를 너무 많이 쓰면 완벽하게 헹궈내기 어렵다. 이런 경우 뜨거운 물로 헹구고, 손이 데지 않게 반드시 오븐장갑을 착용한다.

→ 2단계

힙 플라스크 안을 수세미로 문질러야 하는 경우, 물병을 닦을 때처럼 하면 된다. 즉, 코셔 소금, 쌀, 엡솜솔트(또는 베이킹소다), 물(냄새가 심한 경우 화이트 식초)을 잘 섞어서 힙 플라스크의 ¾만큼 채운다.

→ 3단계

뚜껑을 닫고 충분히 오래 흔든다. 신나게 흔들고, 너무 금방 멈추지 말자. 제임스 본드의 마티니를 흔든다고 상상하며 열심히 흔들어보자. 소금, 쌀 등이 구석구석 문지르는 역할을 해준다. 그런 다음 깨끗하게 헹궈낸다.

→ 4단계

미친 듯이 헹궈낸다. 내부에 소금이 남아 있으면, 끓는 물을 이용해서 세척한다.

281 { 자신만의 숙취 해소법을 찾아라 }

미국 코미디언 로버트 벤츨리Robert Benchley는 이렇게 말했다. "숙취를 치료하는 유일한 치료제는 죽음뿐이다." 최악의 숙취에 시달리는 아침에는 이 말이 더욱 절실하게 다가온다. 그래도 몇 가지 시도해볼 만한 방법이 있다.

나는 절제력이 뛰어난 편도, 그렇다고 매번 과음하는 스타일도 아니다. 그래도 종종 숙취에 시달리는데, 보통 분위기에 휩쓸리거나 주량을 헷갈렸거나 안주를 든든히 먹지 않아서다. 그럴 때는 아침에 느지막이 일어나서 정신이 들 때까지 물을 벌컥벌컥 마신다. 그리고 밖에 걸어 다녀도 괜찮겠다 싶을 때쯤 거리로 나가 기름진 아침식사(가능하면 브런치 칵테일도 함께)를 한 뒤, 라지 사이즈 커피를 테이크아웃으로 주문한다. 입맛이 별로 없어도, 음식을 섭취하는 것은 숙취를 해소하는 데 도움이 된다. 그러면 몸이 서서히 원상태로 돌아가는 게 느껴질 것이다. 그래도 완전히 회복된 게 아니니, 주스나 저지방 식단을 고집하기엔 아직 이르다.

USBG | 보스턴 지부

✦ 프레더릭 얌 ✦

리드 바텐더 | 로열 나인Loyal Nine

282

콜라로 만든 숙취 해소제와 진통제 두 알

프레더릭 얌Frederic Yarm이 일하는 바에서는 펩시에 앙고스투라 비터스 10대시를 섞어 숙취해소제를 만든다. 이 숙취해소제를 입에 머금고, 애드빌(진통제) 두 알을 삼키는 것이다. 펩시는 우리 몸에 설탕, 물, 전해질, 소량의 카페인을 공급한다. 그리고 신의 선물이라 불리는 앙고스투라는 허브 성분이 다량 함유돼 있어 위를 진정시키는 데 도움이 된다. 또한 애드빌과 카페인은 머리를 맑게 해준다.

283

숙취해소제를 구매하라

몸이 불편할 땐 전문가의 말을 들어야 한다. USBG 멤버십 담당인 알렉산드라 F. 윌리엄스Alexandra F. Williams는 한국의 숙취 해소제 '컨디션'을 추천한다. 그는 컨디션을 가리켜 이렇게 말한다. "전통 약초를 혼합해서 만든 마법 같은 숙취해소제다."

로스앤젤레스 지부의 랄프 라미레스Ralf Ramirez는 비터스와 소다를 섞어 특효약을 만든다. 긴 유리잔에 얼음을 담고 선호하는 비터스 4~6대시를 넣은 뒤 셀처워터를 붓는다. 마지막으로 라임이나 레몬 웨지로 장식하면, 초췌한 당신보다 훨씬 우아해 보이는 청량한 특효약이 완성된다.

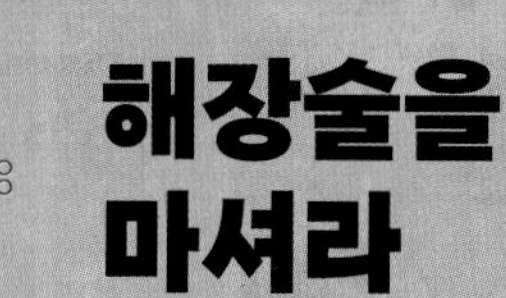

284 해장술을 마셔라

영어로 해장술을 "당신을 문 개의 털A little hair of the dog that bit ya"이라 표현한다. 이는 중세 시대에서 유래한 표현으로, 고통을 치료하려면 그 고통을 더 받아야 한다는 믿음에서 비롯됐다. 당시에 미친개한테 물리면 그 개의 털을 태워서 물린 자국에 발라야 한다는 미신이 있었다. 물론 그런다고 광견병이 낫지는 않았지만, 이 미신은 알코올과 얽혀서 지금까지 남아 있다(영화배우 털룰라 뱅크헤드Tallulah Bankhead는 "등류를 사용해서 불을 끄려는 것과 같다"고 비꼬았다). 믿거나 말거나 해장술로 브런치 칵테일을 시도해보자. 그래도 개한테 물리면 바로 의사한테 가야 한다.

USBG | 뉴욕 지부

✦ 코리 크리슨 ✦

바텐더

285

잘 먹고 기운을 차려라

숙취 때문에 머리가 깨질 것 같지만, 그래도 몸을 일으켜서 세상을 정복하러 나가야 하는 날을 위한 특효약이다. 커피만으로 부족할 때, 코코넛 워터 1리터와 에너지 드링크(레드불 등) 355㎖(12oz)를 들이켜라. 그리고 달걀흰자와 소시지를 넣은 샌드위치 2개에 케첩과 핫소스(촐룰라 추천)를 듬뿍 뿌려서 먹는다.

책을 마치며

칵테일에 관해 이토록 할 이야기가 많다니 놀랍지 않은가? 증류주가 만들어지고 좋은 칵테일이 탄생하기까지 수많은 작업이 필요하다. 훌륭한 칵테일은 완벽한 질감과 풍미의 조화에 도달하기 위해 공들이고, 설계하고, 실행하는 과정을 거친다. 물론 맛도 좋아야 한다.

얼음의 모양과 크기부터 음료를 흔들고 휘젓는 방법까지 훌륭한 칵테일을 만드는 모든 측면을 세세하게 탐구하는 자세는, 솔직히 말해서 집에서 취미로 즐기는 사람에게 필수적으로 요구되는 자질은 아니다. 그래도 칵테일을 만드는 기술과 원리를 조금이라도 이해한다면, 엄청난 차이를 만들어낼 수 있다.

바로 이런 자세 덕분에 USBG와 회원들이 흥미로운 것이다. 칵테일에 대한 모든 측면을 공부하고, 끊임없는 자기 계발을 추구한다. 그 결과 세계 각지에서 근사한 바를 운영하는 재능 있는 바텐더가 모인 집단이 완성됐다.

독자 여러분도 이 책을 통해 칵테일의 마법을 이해하고 팁을 얻었길 바란다. 그래서 새로운 칵테일을 경험하고 약간의 변화도 시도해서 당신과 친구들이 가장 좋아하는 바가 바로 당신의 홈 바가 되길 바란다.

감사의 말

가장 먼저 내 간에게 지치지 않고 끝까지 버텨줘서 고맙다고 전하고 싶다. 간이 버텨주지 않았다면 여기까지 오지 못했을 것이다. 비에게, 내가 지쳤을 때 용기를 주고, 꽤나 번거로웠을 텐데 칵테일 시음을 도와줘서 정말 감사하다. 웰던 오원 출판사의 모든 직원분께, 이토록 매력적인 모습으로 책을 출간해줘서 진심으로 감사하다. 특히 브리짓 피츠제럴드, 마리사 웩, 제니퍼 듀란트, 머라이어 베어, 이안 캐넌에게 고마움을 전한다. USBG의 모든 회원분께, 여러분이 없었다면 이 책의 제목은 탄생하지 못했을 것이다. 바쁜 시간을 쪼개 여러분의 지식, 레시피, 기술을 공유해줘서 감사하다. 특히 알렉산드라 윌리엄스, 애런 그레고리 스미스, 데이비드 네포브에게 수천 명의 회원과 연결해줘서 진심으로 고맙다는 말을 건넨다. 포토그래퍼 존 리와 발터 파비아노, 두 분 덕분에 놀랍도록 환상적인 책이 탄생했다. 마지막으로 랜스 윈터스, 당신의 농담을 책에 담게 허락해줘서 정말 감사하다.

참고 자료

사진 제공:

Kelly Booth: 148, 149; Lou Bustamante: 033, 064, 143, 152, 181, 226, 245; Alice Gao: 243, 244; iStock: 093, 222, 262, 276; Nader Khouri: TOC (Entertaining & Hospitality), ch 1 opener spread, 040, 054, 121, 218, 222, rimmed glasses spread, ch 3 closing spread; Erin Kunkel: 030; John Lee: cover, title, title half, 005, 032, 035, 036, 038, 043, 044, 045, 077, 079, 116, 118, 119, 125, 141, 251, 253, 257, closing half, back credits; Robyn Lehr: 228; Cindy Loughridge: 215, 217; Eric Piasecki/OTTO: 216; Shutterstock: content half, 002, 006, 008, 009, 010, 013, 015, 017, 019, 020, 027, 028, 029, 051, 052, 053, 069, 082, 083, 084, 085, 096, 097, 103, 105, 113, 114, 115, 158, 160, 161, 172, 180, 184, 189, 190, 192, 199, 200, 201, ch3 opener spread, 211, 212, 214, 239, 259, 261, 270, 271, 273; Valter Fabiano: About the USBG, The Cocktail Has Changed, 024, 042, 227, 249, Recipes & Techniques intro, 055, 063, 075, 076, 091, 111, bartop spread, 117, 119, 133, 134, 168, 169, 188, 193, 205, 207, 208, 227, 249, back cover; Stocksy: content half, candle spread, ch2 opener spread, 126, 162, 164, 165, 175, 182, 223, 231, 233, 238, 274, 275, 285; Allison Webber: Basics & Setup intro

일러스트 제공:

Tim McDonagh: 007, 025, 031, 034 (bottom row), 039, 052, 070, 072, 099 108, 114, 122, 129, 132, 137, 145, 147, 150, 151, 154, 174, 177, 195, 200, 210, 221, 230, 240, 260, 263, 284; Klaus Meinhardt: 034 (top row), 035, 047, 065, 117, 120, 167, 170, 229, 247, 256, 257, 264, 267-269; Shutterstock (icons): 001, 003, 008, 010, 011, 012, 014, 019, 020, 024, 026, 031, 036, 039, 041, 046, 048, 049, 050, 053, 056, 061, 063, 064, 066, 067, 069, 071, 072, 075, 081, 084, 085, 086, 088, 090, 091, 092, 094, 097, 098, 101, 102, 103, 104, 105, 106, 108, 111, 112, 115, 116, 122, 123, 124, 126, 127, 130, 133, 134, 135, 136, 139, 140, 142, 143, 144, 146, 149, 151, 152, 155, 158, 159, 161, 165, 168, 169, 172, 173, 176, 179, 180, 181, 183,184, 185, 186, 187, 190, 191, 192, 194, 196, 197, 198, 201, 204, 205, 206, 208, 209, 212, 215, 218, 225, 232, 235, 236, 237, 238, 250, 252, 258, 272, 273, 279, 280; Shutterstock (surface backgrounds): 012, 025, 059, 060, 126, 154, 171, 176, 178, 179, 183, 232, 239, 266, 270

소품 제공:

Cocktail Kingdom (barspoons): 005, 042, 077, 078; Kegworks; Mr. Mojito (mojito muddlers): 005, 042, 044; Tommy's Margarita Mix: 152; Umami Mart; Urban Bar: 005 (double-sided jigger, Hawthorne strainer), 042 (double-sided jigger), 044 (Cobbler shaker, double-sided jigger, garnish tongs, ice bucket), 077 (mixing glasses), 116 (Boston shaker, Calabrese Parisian shaker, Cobbler shaker, 118 (Hawthorne strainer, Julep strainer)

다음 장소에 특별히 감사드립니다:

15 Romolo, La Mar, Comstock Saloon, the Armory, Pagan Idol

칵테일 수업

1판 1쇄 인쇄 2024년 12월 10일
1판 1쇄 발행 2024년 12월 30일

지은이 루 부스타만테
옮긴이 이보미

발행인 황민호
본부장 박정훈
외주편집 김기남
기획편집 신주식 최경민 이예린
마케팅 조안나 이유진
국제판권 이주은 한진아
제작 최택순

발행처 대원씨아이(주)
주소 서울특별시 용산구 한강대로15길 9-12
전화 (02)2071-2094
팩스 (02)749-2105
등록 제3-563호
등록일자 1992년 5월 11일

ISBN 979-11-423-0389-0 03590